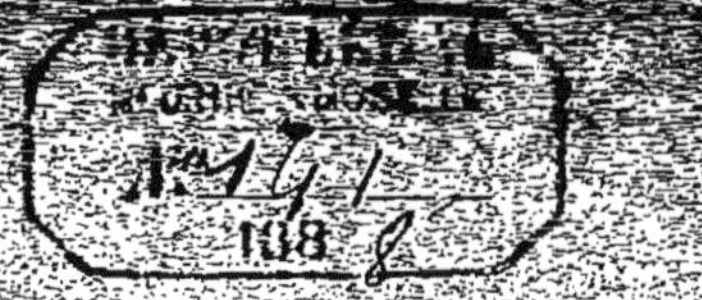

Dr SHINKIZI NAGAI

L'AGRICULTURE AU JAPON

SON ÉTAT ACTUEL ET SON AVENIR

TRADUIT DE L'ALLEMAND

Par Henry GRANDEAU

DOCTEUR ÈS SCIENCES
CHEF DES TRAVAUX AGRONOMIQUES A LA FACULTÉ DES SCIENCES DE NANCY
SOUS-DIRECTEUR DE LA STATION AGRONOMIQUE DE L'EST

Extrait des *Annales de la Science agronomique française et étrangère.*
Tome I et II. 1887.

NANCY
IMPRIMERIE BERGER-LEVRAULT ET Cie
11, rue Jean-Lamour, 11

1888

L'AGRICULTURE AU JAPON

SON ÉTAT ACTUEL ET SON AVENIR

NANCY. — IMPRIMERIE BERGER-LEVRAULT ET Cie.

Dr SHINKIZI NAGAI

L'AGRICULTURE AU JAPON

SON ÉTAT ACTUEL ET SON AVENIR

TRADUIT DE L'ALLEMAND

Par Henry GRANDEAU

DOCTEUR ÈS SCIENCES
CHEF DES TRAVAUX AGRONOMIQUES A LA FACULTÉ DES SCIENCES DE NANCY
SOUS-DIRECTEUR DE LA STATION AGRONOMIQUE DE L'EST

Extrait des *Annales de la Science agronomique française et étrangère.*
Tome I et II. 1887.

NANCY
IMPRIMERIE BERGER-LEVRAULT ET Cie
11, rue Jean-Lamour, 11

1888

PRÉFACE

Le but de l'agriculture est la production de plantes et d'animaux dont l'homme se sert, soit pour son alimentation, soit pour son habillement, soit pour d'autres usages : cette production est proportionnelle aux besoins de la population tout entière. C'est pourquoi l'état social et la destinée d'un peuple ont une influence essentielle sur l'agriculture et règlent le mode d'exploitation.

Le peuple japonais a vécu pendant de longs siècles, jusqu'à l'année 1868, dans un état d'isolement presque absolu des autres peuples et, par suite, a dû adopter un mode d'existence propre. Aussi, le développement de l'agriculture a-t-il pris dans ce pays un caractère tout particulier. Le fait général que les Japonais se nourrissent presque exclusivement de végétaux et, à défaut de viande, suppléent par d'autres substances à leur alimentation, força l'agriculture à se développer tout d'un côté. C'est pour cette raison qu'on voit dans ce pays les champs produire en très grande quantité des légumes et des légumineuses, qui suffisent aux besoins, après avoir été transformés en un aliment concentré, analogue à de la viande.

Une autre cause qui explique aussi la voie spéciale où s'est engagée la culture, cause peut-être même prépondérante, est la richesse de la mer en poissons et en crustacés, qui rend moins sensible le manque de bêtes de boucherie.

Naturellement, en l'absence d'un écoulement de ses produits, l'élevage du bétail ne pouvait pas prendre au Japon un grand développement et, de plus, devait se trouver limité, parce que la culture des champs au moyen des bêtes de trait était peu en usage : ce qu'expliquent facilement la faible étendue des parcelles, souvent disposées en terrasses, puis l'économie qu'on réalisait en se servant d'un outillage agricole tout à fait imparfait et enfin la facilité pour le cultivateur de trouver une main-d'œuvre bien faite et bon marché. Les chevaux et les bœufs ne trouvaient donc leur utilisation que pour le transport des hommes et des fardeaux ; et il ne pouvait par conséquent y en avoir qu'un faible nombre.

Forcément, cela devait donner à l'agriculture un caractère particulier ; car, il y a même de grandes étendues de terrains inutilisés, sur lesquels, en Europe, on produirait du fourrage pour les animaux de la ferme ; et, d'autre part, le fumier d'étable, indispensable à toute exploitation européenne, fait complètement défaut au Japon. D'où il résulte ici et là, une grande différence dans la nature des travaux agricoles fondamentaux et dans la direction suivie pour la culture du sol.

Depuis que les rapports sociaux et économiques du Japon ont subi d'importantes modifications et ont été rétablis sur une base entièrement nouvelle, l'agriculture, sortant de son immobilité séculaire, entre dans une tout autre phase de développement. La façon de vivre du peuple se modifie essentiellement, la demande des produits agricoles indigènes diminue, les frais de production des récoltes augmentent et les prix décroissent. La conclusion que l'on doit tirer de tous ces faits est la nécessité de passer de ce mode d'exploitation moyen âge, à un nouveau mode en accord avec l'état de choses actuel.

L'AGRICULTURE AU JAPON[1]

SON ÉTAT ACTUEL ET SON AVENIR

I. — Constitution du sol.

L'empire japonais consiste, dans son ensemble, en quatre grandes et quatre très petites îles : il est situé entre 24°20′ et 51° de latitude Nord et entre 122°53′ et 156°36′ de longitude Est : il s'étend donc sur environ 27 degrés de latitude et 34 degrés et demi de longitude.

D'après les documents de statistique agricole, communiqués en 1884 par le ministre de l'intérieur, la superficie totale du pays s'élevait à : 39223181,25 hectares. Les terres cultivées, y compris celles qui sont disposées en terrasses, occupent 4371056 hectares, soit à peine un neuvième de la surface totale.

Le caractère presque exclusif du Japon est celui d'un pays de montagnes ; les quelques plaines importantes n'existent que sur le parcours des grands fleuves. La plus étendue est la vallée de *Kuwanto,* dont huit provinces, *Sagami, Musashi, Awa, Kadzusa, Shi-*

---

1. *Die Landwirthschaft Japans, ihre Gegenwart und ihre Zukunft.* Dresden, G. Schönfelds Verlagsbuchhandlung. 1887.

J'adresse ici mes remerciements à l'auteur et à l'éditeur pour l'amabilité avec laquelle ils m'ont accordé le droit de traduction. H. G.

modzusa, Kodzuke, Shimodzuke et *Hitachi* forment la majeure partie. Elle entoure la baie de *Tokio* et est arrosée par le fleuve *Tonegawa,* célèbre par ses fourches, sur un parcours d'environ 51 kilomètres, par le *Sumidagawa,* sur une longueur à peu près moitié moindre et par une série d'autres petits fleuves. Après cela, viennent : la plaine de *Mino, Owari* et *Ise* (fleuve *Kisogawa,* longueur 40 kilom.), qui se limite à l'anse de *Owari ;* plus loin, la plaine de *Osaka,* traversée par le fleuve *Yodogawa* (16 kilom.) ; celle de *Echigo* sur le trajet des fleuves *Shinanogawa* (80 kilom.) et *Akagawa ;* celle de *Sendai* (fleuve *Abukumagawa,* 40 kilom.) près de l'anse de *Sendai ;* celle de *Ishikari* (fleuve *Ishikarigawa,* 136 kilom.) dans l'île *Yezo,* etc. Il existe en outre des surfaces de terrains, importantes et fertiles, enserrées dans un cercle de montagnes comme, par exemple, *Aidzutaira,* dans la province *Iwashiro* et la plaine de *Yagamata* dans la province *Uzen.*

Par suite de l'abondance des pluies, le pays est parcouru par un réseau serré de fleuves et de ruisseaux, qui, à quelques exceptions près, ne sont pas navigables. Les grands fleuves comme *Tonegawa, Sumidagawa,* etc., qui, près de leur embouchure, coulent dans la plaine, permettent le trafic par petits et grands bateaux marchands et, même, depuis ces dernières années, par de petits bateaux à vapeur, mais seulement sur un parcours peu étendu. Du reste, la majorité des transports se font par bateaux plats, avec charge de 30 à 40 quintaux. Le transport par eau n'offre d'ailleurs qu'un faible avantage par rapport à celui par terre, malgré l'état très imparfait des routes.

La véritable utilisation de la richesse du pays en eau consiste dans l'établissement artificiel, sur une vaste échelle, de champs marécageux pour la culture du riz, en utilisant les petits cours d'eau. Il est curieux de remarquer à quel point, au Japon, la culture se développe de préférence au voisinage des fleuves et des ruisseaux. Même dans les vallées étroites ou dans les gorges des parties montagneuses, on trouve le sol de la vallée transformé du haut en bas de la gorge en champs étagés en terrasses, après que l'eau y a coulé une année entière ou qu'on y a créé des étangs artificiels. Il n'est pas rare de rencontrer des gorges, dont le terrain est exploité et qui sont si escarpées qu'un intervalle de plusieurs pieds sépare des terrasses d'une superficie de quelques mètres seulement.

La culture a été de tout temps très limitée au Japon; seule, la surface productrice du riz a pris un grand développement. La mise en culture de la partie sèche de ce pays a été absolument laissée de côté [1], si bien qu'il existe encore dans diverses contrées des plaines, placées cependant dans des conditions favorables au double point de vue de la fertilité et des rapports commerciaux, qui restent en jachère uniquement parce qu'elles sont situées à quelques mètres au-dessus du niveau du domaine arrosé par le fleuve ou le ruisseau voisin.

La Statistique agricole, publiée en 1879 par le Ministère de l'intérieur, répartit de la façon suivante la superficie totale du Japon en 1877 [2] :

	HECTARES.
Surface cultivée en riz	2610933,1
Terres sèches	1897488,8
Forêts	10707228,9
Sans culture	13567447,9
Surface occupée par les bâtiments	370701,8
Chemins	343963,5
Surface occupée par l'eau	1528726,5
Divers	1261199,3
Total	38347689,8

D'après ces données, la surface cultivée (terres à riz et terres sèches ensemble) représente seulement 33.231 p. 100 de la surface non cultivée.

La chaîne montagneuse du Japon, comme l'a fait ressortir J. Reïn dans sa publication sur le Japon, suit d'ordinaire le développement longitudinal des îles du Nord-Est au Sud-Ouest et présente, à côté de pics extrêmement élevés, des cols relativement bas. Cela tient surtout à ce fait que le massif montagneux, composé de roches cristallines primitives et de schistes anciens, ne s'élève pas à une grande hauteur dans la plupart des cas, tandis que les formations volca-

1. Traitée en marâtre (*stiefmütterlich behandelt*), comme l'écrit l'auteur d'une façon plus expressive. H. G.

2. Ces nombres ont été empruntés au livre de Liebscher, intitulé : *Japan,* p. 102.

niques qui souvent les traversent et les recouvrent, forment, il est vrai, des sommets gigantesques, mais rarement des crêtes élevées et longues, si bien que le passage entre ces pics a lieu souvent sur le massif de base. Les masses volcaniques se trouvent fréquemment placées en avant des chaînes montagneuses et rétablissent des communications entre les différentes parties de l'ancien massif, dont la disposition a été plusieurs fois dérangée et bouleversée.

Ce ne sont pas les énormes fragments de rochers, brisés, crevassés et d'aspect sauvage qui rendent remarquables les paysages de la partie montagneuse du Japon, mais bien plutôt leur aspect charmant et leur fraîcheur. En outre de la nature spéciale des matériaux constitutifs de la base des montagnes, ce phénomène doit être attribué avant tout à la vive décomposition des roches qui est due à plusieurs causes et qui amène une métamorphose relativement rapide du profil montagneux. En réalité, toutes les influences qu'on désigne sous le nom de « dent du temps » se font ici sentir au plus haut degré ; nous voulons parler des fréquentes alternatives de pluie et de sécheresse, de gelée et de rosée pendant l'hiver et des violentes et abondantes chutes d'eau de la saison d'été, qui agissent de concert avec la température élevée du pays, pour stimuler puissamment le développement des végétaux ; les racines de ces derniers sont un agent puissant de décomposition et de fragmentation des roches, qu'il ne faudrait pas estimer au-dessous de sa valeur réelle.

Les recherches concernant la géologie du Japon ont été complètement négligées autrefois, tandis que toutes les espèces appartenant à la nature vivante (végétaux et animaux) ont été déterminées d'après la vieille méthode chinoise. Ce n'est qu'après l'ouverture du pays que des recherches géologiques ont été entreprises par des savants, en partie sous les ordres du gouvernement et, en partie, par des naturalistes étrangers. Ces recherches, bien qu'elles n'aient point été tout à fait approfondies, ont montré qu'une série de formations ont contribué à la constitution des montagnes du Japon et qu'elles ont donné des sols différents, suivant la nature des produits de leur décomposition ; mais que, parmi ces formations, trois groupes principaux de roches occupent une place prépondérante, savoir : les masses de roches cristallines primitives; les schistes paléozoïques et les roches volcaniques; tandis que le calcaire et le grès (sable), particulièrement dans les couches mésozoïques, existent en quantité extrêmement faible par rapport aux autres formations. La présence du charbon est fréquente; des gisements de craie se rencontrent en plusieurs endroits et quelques naturalistes ont attribué au diluvium et à l'alluvium un très grand domaine.

Les roches cristallines primitives, qui forment la base des îles, sont constituées principalement par du granit, de la diallage, du gneiss, de la syénite et des roches de la même famille. Le granit forme, tantôt sur de vastes étendues, la roche prédominante et apparente; tantôt il sert de base, de soubassement à de puissantes couches de schistes et de grès, et alors il n'apparaît à la surface que dans les vallées d'érosion, dans le lit pierreux des fleuves, dans les saillies des champs voisins de la côte, ou bien encore sur les crêtes montagneuses déchiquetées en forme de peignes. Il joue un rôle très important dans la constitution d'un grand nombre de montagnes de *Hondo,* surtout dans la moitié sud de cette île. Dans la province *Sétzu* et en haut de la presqu'île *Chiugoku,* il forme le massif central, dont les produits de décomposition fournissent des sols bons et fertiles. C'est l'origine principale des sols des vallées productives de *Osaka.*

Sur les sols provenant des roches plutoniques, on n'a fait aucune espèce de recherches jusqu'ici. Il est cependant vraisemblable d'admettre : qu'il existe au Japon des sols formés par la décomposition des roches de cette formation, comme dans les autres pays; que les propriétés chimiques et physiques de ces sols doivent présenter de très grandes différences selon leur structure et leur état de décomposition, et aussi que, dans des conditions favorables, cette décomposition peut fournir un sol fertile et riche.

Les schistes paléozoïques, dont la plupart renferment des filons exploités autrefois par les mineurs, forment deux chaînes montagneuses principales et plusieurs chaînes latérales. Les deux principales se trouvent dans la moitié sud du pays suivant une direction S.-O. — N.-E. et dans la moitié nord suivant une direction S.-S.-E. — N.-N.-E. : elles apparaissent donc comme deux chaînes parallèles l'une au nord, l'autre au sud du pays. *J. Rein* les a désignées sous le nom de massifs schisteux méridional et septentrional.

Le massif schisteux méridional sort de la province *Satzuma* dans la direction nord, en traversant l'île *Kiushiu,* puis il se prolonge, au-dessus de *Bungonada,* vers l'île *Shikoku,* suit la direction longitudinale de cette île, traverse plus loin la presqu'île *Kii* et les provinces *Mikawa* et *Totoni* et vient aboutir dans la province *Shinano* à la mer de *Suwa,* où il s'enchaîne à la formation volcanique.

Le massif schisteux septentrional forme, dans la province *Rikuchiu* la digue entre le fleuve *Kitakamigawa* (64 kilom. de long) et l'Océan Pacifique.

La plupart de ces schistes sont riches en mica, en quartz et en talc, de sorte que la décomposition de la roche des massifs schisteux fournit une terre médiocre, formée en partie de sol décomposé et en partie de sable. Mais il faut remarquer que, selon sa nature, sa situation et les conditions dans lesquelles il se décompose, le schiste peut donner des sols de propriétés très différentes. Ainsi, par exemple, dans la région sud des schistes (province *Awa,* île *Shikoku*) on rencontre des terres extrêmement sèches, constituées les unes par des schistes siliceux, d'autres par un sable de mica, d'autres enfin par une argile très compacte ou de moyenne cohérence.

Ces sortes de sols, qui ont pour base des schistes renfermant de la silice, du talc et des éléments semblables et qui existent en grand nombre dans la montagne schisteuse du Japon et sur une étendue considérable sont de mauvaise qualité, bien que l'action malfaisante de leurs propriétés physiques soit compensée partiellement par le climat.

Les chiffres du produit de la récolte en riz, publiés par le ministre de l'intérieur en 1882, démontrent clairement le peu de fertilité des sols provenant du massif schisteux. Dans la province *Rikuchiu* (domaine du massif septentrional), la moyenne du produit en riz à l'hectare est de 17 hectolitres, tandis que pour la province voisine *Ugo,* dont les montagnes sont des roches cristallines primitives avec des voûtes volcaniques, ce même produit monte à 23 hectolitres.

Il en est de même pour le domaine du massif schisteux sud : ainsi dans la province *Awa* (île *Shikoku*) le produit moyen en riz est par hectare de 20 hectolitres et dans les provinces voisines, où les massifs de roches plutoniques ont leur plus grand développement, par exemple dans la province *Sétzu,* on récolte 27 hectolitres à l'hectare. Les données précédentes montrent, en outre, l'influence du climat, d'une part, sur le massif schisteux nord et, d'autre part, sur le massif schisteux sud.

Les roches volcaniques dont les plus fréquentes sont le trachyte, la dolérite, la rhyolithe, l'andésite, le basalte, etc., constituent le troisième groupe principal de formation, et les tufs auxquels elles donnent naissance par leur décomposition, jouent un rôle important. Les roches volcaniques existent en plus ou moins grande quantité sans exception, dans toutes les parties du pays, et leurs masses recouvrent, en des places innombrables, les chaînes montagneuses mentionnées plus haut. Souvent elles comblent des vides entre ces chaînes et prédominent sur de longues étendues; souvent aussi elles ne forment que les plus hauts pics des plus anciennes montagnes. Par suite des éruptions volcaniques, plusieurs systèmes de montagnes ont été profondément bouleversés dans leur enchaînement, si bien que, par exemple, le lien entre les deux chaînes parallèles du massif schisteux nord, au centre de *Hondo,* est difficile à constater[1].

Les cendres et les sables volcaniques n'offrent pas une utilisation meilleure pour la culture que les sols provenant des schistes. Pourtant, ils se décomposent assez facilement et se recouvrent, en été, sous l'influence du climat humide, de diverses sortes de graminées, d'herbes et aussi de petits buissons. Mais la terre fine, résultant de la décomposition de la roche, est entièrement lavée par chaque grosse chute de pluie et conduite dans le sous-sol. Malgré cette croissance de graminées véritablement luxuriante, le sol a une valeur très faible, parce que la mise en culture ne fait que favoriser la disparition par lavage des éléments du sol. Des plantations d'arbres ne sont pas non plus possibles, car l'état poreux du sol, qui ne renferme pas une quantité d'humidité suffisante dans la saison sèche, ne permet pas à leurs racines de trouver un support convenable.

1. Rein, *Japan,* t. I, p. 33.

Le seul parti qu'il y aurait à tirer d'un pareil sol serait d'y faire des prairies pour l'élevage du bétail, à condition de le débarrasser préalablement des herbes sauvages, appelées graminées acides, comme les petites espèces de bambous, etc., et de semer à leur place des graines de bonnes plantes fourragères : de cette façon, on serait en mesure de poursuivre sur une grande échelle l'élevage du bétail qui fait totalement défaut au Japon, et l'agriculture pourrait en retirer un grand profit.

Les tufs trachytiques et analogues, poreux et formés de cendres provenant des périodes tertiaire et diluvienne, tufs qui occupent au Japon une surface très étendue, sont un peu meilleurs pour l'exploitation agricole. Le sol qu'ils forment, quand la décomposition n'est pas allée trop loin, rappelle par ses propriétés physiques celles de l'argile, possède les qualités des sols demi-lourds et une faculté puissante de condenser l'eau dans ses pores. Mais lorsqu'il est complètement décomposé, il se transforme alors en un sol très rude et moins productif; il exige des fumures abondantes et s'il n'est pas suffisamment engraissé, il fournit de très mauvaises récoltes.

Un phénomène particulier à ces sols consiste en ce que, par un temps sec, et notamment en hiver et au printemps, la violence du vent émiette complètement les plus fines parties de la terre et les amoncelle en poussière légère dans les endroits abrités du vent. Plus d'un champ placé sur un monticule isolé subit de cette façon une perte assez considérable. Par un temps humide au contraire, la terre se colle si intimement aux instruments que le travail en est très difficile. Les couches profondes sont constituées par une masse durcie, riche en fer, et de couleur rouge-brun foncé ; mais si on lui enlève son eau, cette masse se laisse facilement emporter par un vent violent, en nuages de poussière. L'existence de cette masse durcie dans le sous-sol permet d'avoir, dans les environs de *Tokio* par exemple, des puits dont la profondeur moyenne est supérieure à 7 mètres et dans lesquels les parois intérieures à un mètre à partir du fond ne portent aucun revêtement et sont uniquement formées par le sol lui-même : cependant, on n'a à redouter aucun écroulement de la terre.

Dans ces dernières années, toute une série de recherches, concernant les propriétés chimiques du sol de la vallée de *Kuwanto*, ont été entreprises par plusieurs spécialistes. Je citerai, par exemple, les résultats obtenus dans l'analyse du sol de la ferme de *Komaba*, près *Tokio*, par O. Kellner[1].

	TERRE DU CHAMP SEC.		TERRE DU CHAMP DE RIZ.	
	Sol.	Sous-sol.	Sol.	Sous-sol.
Eau hygroscopique . . .	15.49	18.69	14.30	12.84
Perte au rouge.	20.01	14.90	22.30	18.79
Humus	7.90	7.17	9.96	8.86
Azote.	0.80	0.60	0.489	0.799
Eau de combinaison . . .	11.31	7.13	11.85	9.13

L'action d'une dissolution froide d'acide chlorhydrique, d'un poids spécifique égal à 1,15, sur le sol séché à 100°, a extrait les matières suivantes :

	TERRE DU CHAMP SEC.		TERRE DU CHAMP DE RIZ.	
	Sol.	Sous-sol.	Sol.	Sous-sol.
Silice	0.31	0.29	0.82	0.79
Alumine	15.93	19.73	15.50	14.15
Sesquioxyde de fer[2] . . .	11.73	11.36	7.00	7.49
Chaux	0.60	0.66	0.75	0.70
Magnésie.	1.41	1.44	0.45	0.55
Potasse	0.29	0.18	0.10	0.17
Soude.	0.17	0.13	0.14	0.01
Acide phosphorique. . . .	0.19	0.18	0.37	0.35
— sulfurique.	0.11	0.12	0.18	»
Résidu insoluble.	30.74	34.09	25.31	24.21
Humus.	48.30	49.48	50.00	51.16
Eau de combinaison . . .	23.67	18.33	26.02	25.83
	102.71	101.90	101.33	101.20

Cette analyse a été faite par la méthode de Wolff, mais on a dosé en plus les quantités d'acide phosphorique qui étaient restées insolubles dans l'acide chlorhydrique et celles qui avaient englobé la silice en se séparant. Pour cela, Kellner a chauffé le tout avec de l'ammoniaque concentrée, il a laissé évaporer à sec la liqueur et lavé ensuite le résidu, arrosé d'acide nitrique, avec de l'eau bouillante

1. *Jahresbericht der Agriculturchemie. Neue Folge*, VII, 1884, p. 21.
2. Le protoxyde de fer FeO n'a pas été dosé séparément.

pour en extraire l'acide phosphorique. Il trouva de cette façon les nombres suivants :

1	2	3	4
P. 100.	P. 100.	P. 100.	P. 100.
0.07	0.094	0.074	0.064

La détermination de l'acide phosphorique dans 4, opérée par la méthode L. Grandeau, donna 0.326 p. 100, tandis que l'extraction par l'acide chlorhydrique ne fournit que 0.294 p. 100.

100 gr. de terre sèche absorbèrent :

	1	2	3	4
	Mg.	Mg.	Mg.	Mg.
Ammoniaque	114	109	124	112
Acide phosphorique	621	683	704	632

La capacité de saturation fut trouvée par Ad. Mayer égale à :

	SOL.	SOUS-SOL.
	P. 100.	P. 100.
Pour la terre sèche	47	49
Pour la terre à riz	55	52

La caractéristique de ces sols de tuf est leur teneur considérable en eau combinée chimiquement, qui, d'après les autres données de l'analyse, ne peut exister que dans des zéolithes : il faut de plus remarquer leur teneur considérable en oxyde de fer et en alumine.

La divergence entre la composition du sol du champ de riz et celle du sol sec n'est pas importante ; parce que le premier de ces champs n'avait été livré à la culture que depuis peu. Mais la différence dans la teneur en fer est frappante. Dans le champ de riz qui est engraissé d'une fumure riche en substances organiques putréfiées et, de plus, recouvert d'eau pendant la plus grande partie de l'année, une réduction considérable de l'oxyde en oxydule s'opère et le carbonate qui alors prend naissance est, soit dissous, soit entraîné dans les profondeurs. Aussi, les eaux qui en découlent forment-elles une véritable boue riche en fer.

Comme terme de comparaison, on analysa encore un sol d'une région à riz très fertile et on trouva que ce sol était beaucoup plus difficilement décomposable, qu'il renfermait de faibles quantités d'acide phosphorique et de potasse ; mais qu'il était infiniment plus pauvre en oxydule de fer, ce qui doit vraisemblablement être la cause de sa fertilité.

En ce qui concerne l'analyse mécanique des sols de tuf, voici les résultats que j'ai obtenus d'après la méthode de l'Institut agricole de Dresden avec le cylindre laveur de Kühn, sur des échantillons d'une terre de tuf que j'avais fait prélever dans un champ de *Aayama*, dans *Tokio*.

	A		B	
	Sol.	Sous-sol.	Sol.	Sous-sol.
Sable fin jusqu'à $0^{mm},5$.	35.126	36.810	34.960	37.250
— grossier de $0^{mm},5$ à 1 mm. .	1.820	2.846	2.866	2.446
— — de 1 mm. à 2 mm. .	0.656	0.540	0.570	1.410
Gravier fin de 2 mm. à 3 mm . . .	0.300	0.116	0.194	0.160
Gravier grossier et pierres de plus de 3 mm.	»	»	»	»
Parties lévigables.	62.098	59.688	61.410	58.727
	100.000	100.000	100.000	100.000

Nous voyons, d'après ces nombres, que ce sol renferme plus de 58 p. 100 de parties très fines lévigables et la majeure partie du sable est formée de grains dont le diamètre est inférieur à $0^{mm},5$. C'est en raison de cette ténuité et de la teneur considérable en substances zéolithiques légères (qui correspond[1] à environ 85 p. 100) que se produit le phénomène mentionné plus haut, l'enlèvement de la poussière par le temps sec.

Le poids spécifique[2] de ces sols zéolithiques est très faible, ce qui s'explique par leur richesse en eau et en humus. Voici les nombres obtenus :

	SOL.	SOUS-SOL.
Pour le champ sec.	1.668	1.709
Pour le champ de riz.	1.608	1.812

1. Liebscher, *Japan*, p. 36.
2. *Jahresbericht der Agriculturchemie. Neue Folge*, VII, 1884, p. 21.

Il est curieux de remarquer combien s'accroît l'humidité hygroscopique de la terre de tuf séchée à l'air, au fur et à mesure qu'on s'avance vers le sous-sol. Les chiffres suivants représentent la moyenne de quatre essais :

	MAXIMUM.	MINIMUM.	MOYENNE.
	—	—	—
Sol.	14.80	13.83	14.30
Sous-sol.	28.23	23.27	25.11

D'après les recherches de Korschelt[1], la teneur en humidité se comporte, suivant la profondeur, comme suit :

A (25 cm.).	B (25 à 50 cm.).	C (50 à 75 cm.).	D (75 à 100 cm.).	E (100 à 150 cm.).
—	—	—	—	—
P. 100.	P. 100.	P. 100.	P. 100.	P. 100.
12.877	15.829	17.909	20.167	22.075

La teneur en eau du sol séché à l'air augmente donc de 2,952, 2,080 et 2,258 de 25 en 25 centimètres, jusqu'à une profondeur d'un mètre. Ce phénomène est d'autant plus curieux que la quantité d'humidité est la plus grande là où la teneur en humus est la plus élevée.

II. — Le climat.

Le climat du Japon présente une grande diversité dans les différentes parties du pays : il n'est en aucune façon aussi égal et aussi doux qu'on le suppose fréquemment d'après la situation géographique et que cela arrive d'ordinaire pour les autres régions du domaine de la mousson. Pourtant il offre une certaine analogie avec celui des pays de l'Indo-Chine, régie également par les vents moussons.

La particularité du climat japonais est un été humide et orageux, avec prédominance de vent du S. et un hiver moyennement froid et clair, avec prédominance des vents secs du N. et du N.-O.

En hiver, à *Hakodate* ce sont les vents du N.-O. et de l'O. qui

1. Liebscher, *Japan*, p. 39.

soufflent le plus fréquemment ; à *Niigata* ceux du S.-S.-O. et du N.-O. ; à *Tokio* ceux du N. et du N.-E. et à *Nagasaki* ceux du N. et du N.-O.[1].

Les températures extrêmes de l'hiver et de l'été sont très éloignées : par exemple dans la zone méridionale (ville de *Nagasaki* à 32°44′ de latitude N.) la température s'élève en été à 33° centigrades et tombe en hiver à 3° centigrades : moyenne annuelle 16°,1 ; dans la zone intermédiaire à *Tokio*, maximum 34°,2 et — 8°,4 en hiver : moyenne annuelle 13°,8 ; enfin, dans la zone N. (ville de *Hakodate*) 30° centigrades et — 15° centigrades, moyenne annuelle 8°,3 centigrades.

Toutes les montagnes du Japon sont couvertes d'une épaisse couche de neige en hiver, même dans les provinces du S. et aussi dans les pays de plaines, où croissent les palmiers sauvages et les cycadées.

L'été arrive dans presque toutes les parties du pays au mois d'avril. Ce n'est que dans les plaines du Sud, qui sont très avantageusement situées, que la saison d'été s'ouvre en mars. Ailleurs, il y a encore en mars des gelées nocturnes et de légères chutes de neige et la température est encore si basse, qu'aucune végétation n'est possible.

A la pointe sud du Japon, par exemple dans la province *Satzuma*, dans l'île *Kiushiu* (31° $^1/_2$ de latitude nord), on doit encore en avril protéger pendant la nuit les jeunes plants de tabac, au moyen de couvertures en paille, contre un fort refroidissement du sol. Dans la partie moyenne du Japon, dans la région de la capitale de *Tokio*, il arrive qu'à la fin d'avril, les jeunes pousses des arbrisseaux à thé deviennent entièrement noires par suite de l'arrivée subite de froids nocturnes, et la récolte principale se trouve alors presque totalement anéantie. La saison de passage entre l'hiver et l'été est de courte durée dans le Nord et se prolonge aux dépens de l'hiver de plus en plus, au fur et à mesure qu'on avance vers le Sud : cette période transitoire est la plus agréable de l'année dans ces pays du Sud, à cause de la pureté plus grande du ciel et surtout de l'air frais et

---

1. Rein, *Japan*, t. I, p. 130.

suffisamment doux qui la caractérisent. L'été est tout à fait passé, quand à la fin d'octobre les feuilles des arbres changent de couleur et, brisées par la rosée du matin, tombent lentement à terre.

L'hiver est long et dur dans la partie moyenne du pays : il dure cinq à six mois, et sept mois dans *Yezo;* mais il n'est pas très rigoureux; car, même à *Sapporo* (*Yezo*) sous 43°04' de latitude nord, la température ne s'abaisse qu'exceptionnellement jusqu'à — 16° centigrades.

Cette longue durée de la saison froide restreint la période annuelle de végétation de la plupart des plantes dans *Yezo* à cinq mois, dans la partie moyenne du Japon à six mois, et dans le Sud, à sept mois.

Le développement de tous les végétaux forestiers, même celui des plantes à feuillage persistant, est lui-même interrompu.

Le vent de mousson qui, dans son chemin à partir des tropiques, s'est chargé, dans son passage sur les flots fortement échauffés du Grand Océan, d'une abondante quantité d'eau, a une action telle, que l'humidité relative de l'air est extrêmement élevée en général pendant la saison d'été, plus encore dans les provinces du Sud que dans la partie nord. Elle s'élève en moyenne dans la saison chaude à 82 p. 100, dans la saison froide à 71 p. 100, soit en moyenne annuelle à 76 p. 100. *Hokodate* (dans *Yezo*) semble faire exception à cette règle que la quantité d'humidité augmente dans les régions du Sud; car, en été, cette quantité se chiffre par 85.6 p. 100 et en hiver par 81 p. 100 (moyenne annuelle 82 p. 100[1]).

Il y a au Japon trois périodes de pluies qui durent chacune deux à quatre semaines et qui, en général, tombent en avril, juin et septembre. Les deux premières périodes arrivent cependant de plus en plus tard, au fur et à mesure qu'on s'avance vers le Nord : elles se confondent même dans Yezo avec la période des pluies automnales.

Dans l'intervalle de ces périodes, les pluies de durée sont rares, mais même par le temps le plus chaud, d'abondantes averses protègent le paysan contre le danger d'une sécheresse trop prolongée. Cette régularité annuelle des pluies a permis de réglementer toutes

1. Rein, *Japan*, t. I, p. 138.

les cultures d'une façon stable : les semailles de la plupart des récoltes d'été se font entre la première et la seconde période de pluies et lorsque la récolte estivale est faite, on sème les plantes d'hiver après la période des pluies d'automne et on les récolte un peu avant celles du printemps.

Comme le riz est une plante de marais et que sa croissance nécessite beaucoup d'eau, la deuxième période de pluie offre une grande importance pour cette culture, parce que souvent, dans cette période, la pluie tombe à torrents et rend ainsi possibles, surtout dans les contrées pauvres en eau, le travail du champ et la plantation des jeunes plants de riz.

Dans les plaines situées du côté de l'Océan Pacifique, les chutes de neige sont tout à fait insignifiantes. Dans le Sud, il neige de une à trois fois; dans le pays moyen, quatre à cinq fois de janvier à mars, rarement en décembre ; la couche de neige ne persiste sur le sol que pendant deux ou trois jours au plus. Mais, c'est tout différent de l'autre côté, sur les côtes de la mer du Japon : la neige y tombe très fréquemment, forme assez souvent une couche de plus de trois mètres dans les vallées et subsiste pendant tout l'hiver. Ainsi dans la province de *Echigo* (côte ouest), qui est cependant influencée par la chaleur du courant de *Kuroshio* et qui jouit d'une température très voisine de celle de *Tokio*, il y a en hiver une couche de neige qui atteint, même dans les vallées, plusieurs mètres de hauteur et dans les régions élevées, dépasse dix mètres. Voici l'explication de ce phénomène[1] : le vent du Nord, sec et froid, vient du continent en passant sur la mer du Japon, se mélange avec les couches d'air humide et chaud qui sont à la surface de l'eau, et ainsi chargé d'humidité, et ayant acquis une température élevée, il arrive au Japon dont la température est, à ce moment de l'année, bien inférieure à celle de la mer. Suivant la teneur de l'air en eau et le refroidissement, une séparation de la vapeur d'eau à l'état de neige se produit déjà dans la plaine, ou bien seulement quand le vent atteint la chaîne montagneuse de la frontière Est et subit un refroidissement dû à la rapidité de cette ascension.

1. Rein, *Japan*, t. I, p. 141.

Quand le vent a enfin atteint les cimes et redescend de l'autre côté, la température de l'air s'accroît avec son état de condensation ; il s'appauvrit de plus en plus en humidité relative et naturellement, il ne peut se former de nuages : c'est pourquoi il neige rarement avant janvier dans les vallées situées du côté du Grand Océan. En effet, une condensation de la vapeur sous forme de neige n'est possible que quand le pays et les mers voisines sont suffisamment refroidis.

Grâce au climat favorable, grâce surtout à l'abondante chute de pluie en été, la flore du Japon compte différentes plantes qui sont particulières à la zone tropicale : ces plantes peuvent s'acclimater au Japon, parce que les pluies tropicales qui tombent pendant la période de leur croissance réalisent une condition beaucoup plus importante pour leur développement que la chaleur qui se maintient aux tropiques pendant l'année entière.

Nous citerons le bambou qui, dans la partie moyenne du Japon, atteint en deux mois une hauteur de 20 mètres et dont la tige a jusqu'à $0^{m},12$ de diamètre ; le *Chamærops excelsa,* le *Cycas revoluta* et des plantes analogues, qui se rencontrent dans les provinces du Sud, qui se trouvent aussi souvent dans les jardins comme plantes ornementales, et qui prêtent au paysage un aspect semblable à celui des pays tropicaux.

Par la fréquence et l'intensité des pluies, le climat influe très favorablement sur l'agriculture : ainsi, le sol sableux, si aride et si léger, des dunes, sur les côtes de la mer, est si mobile qu'on doit le protéger contre l'enlèvement par le vent, au moyen de haies faites en tresses de bambous et de buissons espacés de trois à cinq mètres environ, placés perpendiculairement à la direction de la mousson. Malgré cela, on peut cultiver sur ces sols avec un succès réel différentes sortes de plantes agricoles comme le froment, des féveroles, des patates, etc., qui exigent pour leur croissance en Allemagne un sol lourd et compact. Le même phénomène s'observe sous le climat humide de l'Angleterre où le blé se contente d'un sol argilo-siliceux ; il semble, là aussi, que, pour prospérer, il n'a pas besoin de croître sur un sol plus lourd et qu'il suffit pour son développement que le sol ne soit pas sec. Toutes les plantes agricoles sont cultivées au Japon avec succès sur les sols sableux, parce que les propriétés défavorables de ces derniers (sécheresse et perméabilité trop grandes) sont combattues efficacement par la fréquence des pluies. D'autre part, la ténacité trop grande et la force d'inertie des terres argileuses sont également atténuées; la formation de l'humus qui, grâce à la température élevée et à l'humidité du sol, progresse avec une rapidité extraordinaire, combat la ténacité du sol, de sorte qu'au moment du dessèchement, la terre, au lieu d'être une masse crevassée et dure comme la pierre, se présente sous la forme d'une substance émiettable, facile à réduire en poussière, beaucoup meilleure que les sols argileux analogues de l'Allemagne.

Les deux moussons d'été et d'hiver revenant très régulièrement chaque année, et le premier de ces vents persistant jusqu'à ce qu'il soit supplanté par l'autre, il en résulte que le Japon se caractérise, comme les autres pays du domaine de la mousson, par une régularité de climat qu'on rencontre dans un bien petit nombre de régions situées sous la même latitude nord, et qui a pour conséquence l'uniformité dans le produit des récoltes. D'autre part, le climat du Japon offre à l'agriculture un grand avantage; car, à l'exception des provinces nord et des côtes ouest, où, comme nous l'avons dit plus haut, la neige persiste longtemps sous une épaisseur considérable, la douceur de l'hiver permet de ne pas interrompre les travaux de culture, ainsi que cela arrive en Allemagne. Aussi, la dépense de forces en travail dans chaque exploitation agricole, est-elle considérablement moindre que dans les pays où de longues périodes de froid resserrent dans des limites étroites le temps consacré aux travaux des champs.

En revanche, la fréquence d'un vent violent et de pluies torrentielles est une mauvaise condition pour l'agriculture japonaise.

Le reboisement des montagnes, que des coupes faites jusqu'ici d'une façon irréfléchie ont en partie dénudées, est une opération très difficile à cause de l'arrivée de ces violents courants de vent, qui soufflent toujours dans la même direction. Les terribles ouragans appelés *Taifune,* accompagnés régulièrement d'averses, produisent de très grands dommages, car souvent ils sont la cause d'inondations et de cascades, qui, non seulement transforment les cultures agricoles en une masse vaseuse uniforme et les détruisent entièrement, mais parfois aussi les torrents auxquels ils donnent naissance convertissent la surface et la base du sol en un lac profond, ce qui le ruine absolument. C'est ainsi qu'au courant du mois d'août 1884, la région sud du Japon, les îles *Kiushiu*, *Shikoku* et une partie de *Hondo*, ont été éprouvées par un ouragan très violent, comme on n'en avait pas vu depuis cinquante ans. Cet ouragan s'éleva d'abord dans la direction N.-S., puis plus tard prit la direction O.-E., en amenant de très fortes chutes de pluie et, après s'être déchaîné sans interruption pendant vingt-quatre heures sur le pays et avoir détruit beaucoup de maisons et d'arbres, laissa derrière lui un gigantesque torrent qui balaya un grand nombre des terrains situés sur les côtes et de petites îles avec leurs habitants.

Dans l'été de 1885, la presque totalité du pays, principalement les plaines fertiles du fleuve *Yodogava*, entre *Kioto* et *Osaka*, furent ravagées par une inondation telle, que, de mémoire d'homme, il ne s'en était jamais produit. Pendant une semaine entière, la pluie s'abattit sans interruption par trombes sur cette province dont, au 27 juin, la majeure partie paraissait être un lac ondoyant au loin. Puis une violente tempête survint qui contribua à parfaire l'œuvre de ravage causée par l'inondation et les averses violentes qui continuaient à tomber : finalement, rien que dans cette vallée, trente-deux localités furent enlevées du sol et, avec elles, plusieurs milliers d'habitants. Les pertes en hommes et en biens qui ont résulté de cette inondation, sont presque incalculables. Pour la vallée d'Osaka seule, on estime le dommage à plus de dix millions de dollars.

Dans les sols de tuf, la formation excessive de l'humus a une influence préjudiciable à la culture : à l'intérieur de ces sols, il se produit un refroidissement très vif, si bien que sous une épaisseur d'environ 5 centimètres de terre fine, il se forme souvent des couches d'aiguilles de glace d'une longueur de 10 centimètres, qui soulèvent la terre fine superposée et aussi de petits cailloux. A l'ombre, ces cristaux ne fondent pas dans le jour et il arrive qu'après plusieurs nuits froides, on trouve 3 à 4 couches d'aiguilles superposées alternativement entre des couches de terre légère entièrement congelée.

Ces aiguilles de glace soulèvent souvent les jeunes blés, en les poussant vers la surface, et les exposent ainsi aux dangers de l'hiver ; d'où résulte un dommage considérable causé aux récoltes.

Ce phénomène se constate aussi en Allemagne dans les sols très riches en humus, surtout dans les terrains tourbeux et marécageux, mais pas d'une façon aussi générale qu'au Japon dans les sols de tuf.

Le refroidissement caractéristique de ces derniers sols trouve son explication dans les faits suivants : la terre de tuf, à cause de la petitesse des grains isolés dont elle est formée et de sa richesse en humus, retient une très grande quantité d'eau ; de plus, en général, le sous-sol sur lequel elle repose consiste en un ciment impénétrable et enfin l'évaporation de l'humidité à la surface, par une température basse, est notablement retardée.

Liebscher attribue cette particularité à tous les sols du Japon ; mais, en réalité, elle est limitée aux sols de tuf. Les autres sols en sont exempts.

III. — La Culture du sol.

Comme l'agriculture au Japon est, depuis les temps les plus anciens, exclusivement livrée aux mains des classes tout à fait inférieures de la société, et que jusqu'ici aucune mesure n'a été prise pour développer l'instruction de celles-ci, le mode d'exploitation est purement empirique. Les paysans suivent les procédés qu'ils ont appris de leurs pères et qu'employaient déjà leurs aïeux : pas un paysan n'étant, par suite, plus instruit que son voisin, peu importait jusqu'ici que le jeune cultivateur fît ses études là ou ailleurs.

En raison de ces circonstances, les méthodes de culture du sol et les instruments nécessaires sont restés absolument les mêmes sans subir aucun changement, au Japon, depuis un temps immémorial.

Ordinairement, les travaux du champ sont faits par les membres de la famille : si le père se livre à des affaires d'un autre ordre, ce sont les femmes et les enfants qui s'occupent de la culture.

Dans les grandes exploitations (*grandes*, par rapport à l'étendue du Japon), on loue des serviteurs à l'année et, pour les cas pressants, on emploie des journaliers.

Les ouvriers agricoles vivant exclusivement du travail de leurs bras n'existent pour ainsi dire pas, car presque tous les biens japonais consistent en de petites parcelles. Celui qui possède un grand bien l'afferme ordinairement en parcelles de peu d'étendue, qui sont exploitées, comme nous l'avons mentionné plus haut, par des familles. Les travailleurs, employés dans les exploitations plus importantes comme serviteurs, servantes ou journaliers, sont aussi exclusivement des fermiers ou des propriétaires de petites parcelles, à qui la besogne manque dans leurs propres biens, à cause du nombre considérable des membres de leur famille, ou bien encore ce sont des gens qui n'ont pas un revenu suffisant pour nourrir leur famille.

Les ouvriers à gages, qui ne possèdent aucune terre et vivent uniquement de leur travail, vont aux environs des villes : aussi n'est-ce guère que là qu'on en rencontre. Ces hommes sont adroits et peuvent aussi bien être utilisés pour des travaux techniques que pour des travaux agricoles ; mais ils sont paresseux et, de plus, rusés. Ils exécutent leur besogne d'une façon variable, suivant le maître qui les a engagés : si celui-ci ne comprend rien au travail, ils font peu de chose et encore le font-ils tout de travers.

Ces gens ont en général un degré d'instruction relativement assez grand, quoiqu'on ne puisse nier que, justement en matière d'agriculture, ils s'en tiennent encore tout à fait aux anciens errements. Quant à leur capacité de travail, comparée dans l'ensemble à celle des ouvriers allemands, elle lui est inférieure : mais il faut aussi tenir compte de la différence dans la constitution physique des deux races et aussi dans les conditions climatologiques.

Le salaire est très variable suivant la région ; en moyenne, il n'est pas trop bas, étant donné le bon marché des denrées alimentaires.

Un bon ouvrier, résistant au travail, reçoit par jour, outre sa nourriture [1] :

	MAXIMUM.	MINIMUM.	MOYENNE.
	Francs.	Francs.	Francs.
Hommes	2,25	0,87	1,25
Femmes	1,625	0,375	1,87

1. Ces chiffres sont empruntés à la statistique du Ministère de l'intérieur (1882).

Les domestiques sont nourris ; le gage annuel des hommes varie entre 125 fr. et 212 fr. 50 c. et celui des femmes (servantes) entre 75 fr. et 125 fr. ; de plus, ils sont chaussés et on leur donne chaque année deux costumes de travail légers, une paire de serviettes et quelques objets analogues.

Un partage du travail réglé d'après des vues d'économie sociale comme dans les pays de culture modernes, fait complètement défaut malheureusement jusqu'ici au Japon ; ce fait exerce une influence grandement préjudiciable non seulement à l'agriculture, mais encore au bien-être général du peuple. On ne peut pourtant pas anéantir d'une fois cette influence, mais seulement l'amoindrir peu à peu.

Les instruments employés au labourage des champs sont très primitifs et très simples : celui qui n'a pas l'habitude de les manier ne peut généralement pas les utiliser. Presque tous les travaux de culture sont accomplis par des hommes ; il y a très peu d'attelages et nulle part on n'emploie la vapeur. Il n'a pas été possible, avec les conditions d'exploitation restreinte du Japon, d'utiliser avec avantage l'aide du travail peu coûteux des forces du bétail et de la vapeur : c'est pourquoi, pour le labour profond et l'ameublissement du terrain, seules la bèche et la pioche entrent en ligne de compte.

La bèche se compose d'un bâton auquel est emmanchée une planche épaisse, recouverte de fer forgé, dont les tranchants sont acérés. Le manche a environ 3 centimètres de diamètre et 50 à 80 centimètres de longueur ; la planche, large de 15 centimètres, varie de 40 à 60 centimètres comme longueur et présente une largeur de 5 à 6 centimètres à la partie supérieure, afin qu'on puisse introduire la bèche dans le sol au moyen du pied. La longueur totale varie donc entre 120 centimètres et 150 centimètres ; naturellement, il y a un grand nombre de modifications de ce modèle.

On emploie la bèche pour creuser profondément et retourner la terre : à cet effet, on enfonce la partie plate de l'instrument dans le sol à une profondeur de 20 à 25 centimètres, de façon à détacher un morceau de terre d'une largeur moitié moindre ; puis, par un mouvement de la bèche, la masse de terre enlevée est replacée sens dessus dessous dans le trou ainsi creusé : en somme, cela se pratique comme en Allemagne.

On emploie aussi beaucoup la houe qui, dans les endroits où l'on ne fait pas usage de charrue, est un instrument de labour essentiel.

La forme de cette houe varie suivant l'usage qu'on veut en faire et aussi suivant les localités. La partie en fer est plus ou moins épaisse, large ou longue ; les unes sont pointues, d'autres émoussées, et elles diffèrent par la longueur et la disposition du manche.

Cet instrument sert pour presque tous les travaux de culture : pour ameublir le sol jusqu'aux couches profondes, le niveler, butter la terre contre les bords des sillons, détruire les chaumes, tracer les lignes de semailles, enfouir les semences, etc.

Le travail du sol à une certaine profondeur, au moyen de la pioche, ne se fait pourtant que très imparfaitement ; on ne dépasse pas 20 centimètres, tandis qu'avec la bèche on va à plus de 25 centimètres. Cependant, l'usage de la bêche est moins fréquent, parce qu'il exige un effort plus grand du travailleur.

Un autre modèle de houe consiste en une sorte de fourche en fer, munie de deux à cinq pointes qui, selon le nombre et la force de ces pointes, est utilisée dans différents buts, mais spécialement pour le défonçage des sols compacts, pierreux et marécageux.

La charrue, qui de tous les instruments aratoires est cependant le plus puissant, n'est pas employée autant au Japon que la houe, à cause de la faible étendue des parcelles cultivées. Sa construction est fort simple. Elle se compose d'un corps de charrue pourvu d'un versoir de petite dimension ; ce corps de charrue est fait d'ordinaire en un bois très dur, le *Zelkowa keaki sieb*, et c'est à lui qu'est adapté l'âge, au moyen de l'oreille et des mancherons.

L'âge forme avec le corps de la charrue un angle d'environ 20°, et à son extrémité antérieure, se trouve une sorte de palonnier auquel on attache les bêtes de trait au moyen de cordes. Dans la charrue à main, les mancherons sont supprimés et à l'extrémité de l'âge, au lieu d'un palonnier, il y a une poignée en forme de T, dont le laboureur se sert pour tirer derrière lui l'instrument.

Le soc est un simple fer plat, affectant la forme d'une flèche pointue, qu'on introduit au moment du labour, dans la fente ménagée dans le corps de la charrue entre son extrémité et le versoir.

La charrue japonaise n'a ni avant-train, ni régulateur, ni aucun appareil de ce genre, de sorte qu'on est obligé de régler la profondeur du sillon par une pression plus ou moins grande sur les mancherons suivant les besoins. De plus, il n'y a pas de coutre. Cette charrue, étant très légèrement construite en bois, exige une faible dépense de force de traction ; mais son versoir est si petit, qu'elle retourne le sol très imparfaitement. De plus, elle ne pénètre pas plus profondément qu'une houe bien construite et elle découpe les sillons en forme de peigne. Pourtant c'est encore le meilleur de tous les instruments employés pour travailler et remuer le sol, car elle fournit un travail dix fois plus rapide que les outils à la main, et par suite les frais sont moindres.

Pour préparer à la houe un champ d'un hectare sur une profondeur de 15 centimètres, il faut, suivant la nature du sol, 80 à 100 journées de travail, tandis que le travail à la charrue, pour une même étendue, n'exige que 8 à 12 jours.

La *charrue-buttoir* est construite presque tout à fait comme la charrue : la seule différence consiste en ce que le soc est une capsule en fonte pointue comme un dard, qui est attachée à l'extrémité de l'arbre de la charrue, tandis que dans l'araire ordinaire, une simple plaque est introduite dans la fissure ménagée entre l'arbre et le versoir. On emploie cet instrument pour ameublir les sillons existant entre les plantes pendant la période de végétation et pour butter la terre légère contre les plantes ; pour cette dernière partie du travail, on met comme versoir à l'oreille une planche de forme angulaire, qui sert à butter la terre de chaque côté en une moitié de billon.

Pour émietter et niveler la terre, la houe remplace la herse européenne dans la petite culture ; mais dans la grande culture, on se sert d'un instrument traîné par le bétail, qui ressemble à un râteau. La partie essentielle de cet outil consiste en un bloc de bois rectangulaire, d'environ 80 centimètres de longueur et de 8 à 10 centimètres d'épaisseur, portant une rangée de dents en fer, d'une longueur de 15 centimètres ; sur le devant, se trouvent placées deux larges planches parallèles en forme de croissants, qui portent un cylindre hérissé de pointes placé transversalement. Au-dessus, un mécanisme en forme de potence sert de manche pour tenir l'instrument avec la main. La bête de trait est attelée au bout de la partie antérieure des deux planches au moyen de cordes, et l'instrument est dirigé par un homme qui marche derrière en tenant le manche. Quand il s'agit de champs marécageux, on se sert d'une espèce de râteau très simple avec des dents en bois ou en fer.

Le rouleau n'existe pas au Japon et on y supplée par un instrument analogue à un marteau de tonnelier ou à un batteur de lin, qui est aussi utilisé pour réduire en poussière fine les mottes dures qui forment la couche superficielle des sols compacts.

La préparation du champ une fois exécutée soigneusement avec les instruments primitifs décrits plus haut, on trace des lignes de semailles dont l'espacement varie, suivant la plante à cultiver, entre 40 et 60 centimètres. Puis on répand dans ces lignes l'engrais qu'on appelle engrais de semailles, juste en quantité nécessaire pour suffire aux exigences de la plante pendant la première période de sa croissance. On fait ensuite la semaille de deux façons différentes, selon la nature de la plante en culture : ou bien on répand immédiatement à la main la semence sur l'engrais même et l'on recouvre le tout ; ou bien on mélange préalablement l'engrais avec de la terre finement pulvérisée.

La façon d'opérer sur les champs marécageux est la suivante : au printemps, quand la nature commence à s'éveiller sous l'influence d'une température plus élevée, le paysan laboure son champ humide avec soin, émiette le sol et l'inonde. On entoure ensuite le champ d'un levadon pointu et qu'on lisse. Enfin le sol du champ tout entier est travaillé de cette façon, jusqu'à ce que la terre ainsi traitée soit devenue pâteuse. C'est alors qu'on y enfouit l'engrais liquide ou pulvérisé, en le répartissant uniformément sur le champ. A ce moment le champ est prêt : on y plante les jeunes plants de riz, qui ont été élevés auparavant sur couche.

Dans les endroits particulièrement favorisés comme situation, où l'arrivée et le départ de l'eau se font bien, le champ est transformé en marais pendant l'été et en terre sèche en hiver.

Parmi les différentes méthodes usitées pour les semailles, les plus fréquemment employées au Japon sont, pour les céréales, la semaille en ligne, et pour les légumineuses, la semaille au plantoir ; quant à la semaille à la volée, elle n'est employée que pour les couches. La semaille en ligne se fait au Japon sur des lignes très étendues, tandis qu'en Allemagne elle est, au contraire, très limitée.

Ce n'est pas seulement parce qu'en opérant ainsi le cultivateur retire un profit plus grand par suite de l'économie en semences d'une germination et d'un tallage plus réguliers et d'un développement plus vigoureux de la plante ; mais, avant tout, parce que cette manière d'opérer lui permet une utilisation ininterrompue de son champ, car, avant que la première récolte ne soit venue à maturité, il peut semer d'autres graines dans les sillons, entre les raies. Ainsi est rendue possible la culture sur un même champ de deux et même de trois plantes différentes, en l'espace d'une seule année, et toujours on a assuré l'ameublissement du sol et son maintien en état de propreté, son état d'humidité convenable, et la fumure des plantes pendant leur croissance. Par exemple, dans mon lieu de naissance, dans la province *Awa (île Shikoku)*, un champ qui vient de porter une récolte d'été, est remanié aussitôt pour une nouvelle culture, et la semaille en ligne pour une récolte d'hiver est faite comme il a été dit plus haut. Au printemps, après que le travail nécessaire aux récoltes d'hiver est terminé, on plante dans les sillons de jeunes plantes tinctoriales (*Polygonum tinctorium*), élevées sur couche. Peu de temps après, la récolte d'hiver étant arrivée à maturité, est récoltée ; on répand alors de l'engrais et on ameublit le sol, pour donner de la force aux jeunes plantes qui, jusqu'à ce moment, paraissent décolorées, par suite du défaut de lumière. Quand ces plantes deviennent robustes, on butte la terre sèche petit à petit contre elles, de telle façon que le billon primitif est transformé en sillon. Ces plantes sont récoltées pour la première fois au commencement de juillet, à l'état vert, et les éteules restent pour la seconde coupe. Quand les bourgeons commencent à monter, on sème tout de suite dans le sol des sillons la fève de Soja (*Soja hispida*). A peine la première feuille de la fève de Soja s'est-elle développée, qu'on récolte le *Polygonum tinctorium* pour la seconde fois et on arrache du champ les éteules. Puis le cultivateur donne tous ses soins à sa culture de fèves. En octobre, les fèves de Soja sont mûres et, la récolte faite, le champ est remué profondément dans toute son étendue, puis ensemencé pour la récolte d'hiver; il ne reste donc improductif que pendant un temps très court en automne.

Pour obtenir la semence, on récolte les plantes les plus vigoureuses du champ, on les sépare avec soin, on les nettoie et on les conserve pour l'année suivante. Quoique, au Japon, depuis les temps les plus anciens, on cultive récolte sur récolte sur un même champ, chaque année, l'expérience pratique a conduit cependant à changer l'espèce de semence; la semence récoltée cette année ne sera pas employée l'année suivante, parce que, si l'on agissait ainsi, le produit de la récolte se trouverait diminué.

Pendant la période de végétation, on ameublit le sol par un binage des lignes de culture. Ce travail est fait pour toutes les espèces cultivées, sans exception, contrairement à la pratique de l'Allemagne, où l'on ne bine que les pommes de terre, les betteraves, le maïs et quelques autres plantes analogues. Cependant, depuis peu, dans la province de Saxe, les cultures sont, en maints endroits, binées régulièrement et à plusieurs reprises.

Au Japon, on ameublit d'abord la terre entre les lignes de plantes avec une houe ou la charrue-buttoir, on enlève les mauvaises herbes et on émiette la terre; puis on butte doucement cette terre contre les plantes et, cette opération étant terminée, on donne un engrais, sous une forme très étendue.

Le binage et l'épandage simultané de l'engrais sont répétés, suivant la nature des plantes, 3 à 7 fois pendant leur période de croissance. Quand la plante est déjà assez avancée pour commencer à donner des bourgeons et des épis, on recommence pour la dernière fois le travail de la terre et l'épandage de l'engrais. En outre, la terre émiettée est buttée contre les plantes au moyen de la charrue-buttoir ou d'une large houe afin d'empêcher la verse.

La récolte mûre est coupée sur la terre au moyen de la faucille et, en général, on la met en javelle pour quelques jours. Dans les champs marécageux où on ne peut pas les mettre en javelle, on suspend les gerbes sur une longue traverse en bois, consolidée des deux côtés par trois perches disposées en forme de pyramide. Quand la paille est assez sèche pour ne pas se moisir par l'entassement, on la met en gerbes et on la porte à la maison.

Pour obtenir le grain des céréales, on sépare tout d'abord de la paille les épis et les panicules et on débarrasse le grain des bâles, soit par le battage, soit par la mouture.

La séparation des épis et du grain se fait au moyen d'un appareil qui rappelle la drège et qui consiste en un peigne d'acier ou de bambou, d'une largeur de 40 centimètres environ, reposant sur un tréteau. On introduit par la tige une poignée pleine de la plante et on la tire à travers les dents du peigne : dans ce passage à travers le peigne, si ce sont des plantes à épis, les épis sont entièrement séparés de la paille, mais si ce sont des plantes paniculées, seuls les les grains sont détachés. Les pointes de cette drège sont trop serrées pour ces dernières plantes et trop espacées pour les plantes à épis ; c'est pourquoi une même drège ne peut pas servir pour ces deux sortes de récoltes. En général, les dents sont d'acier pour les plantes paniculaires et de bambou pour les plantes à épis.

Les épis ou les panicules, une fois séparés de la paille, sont desséchés soit sur des nattes de paille, soit directement sur le sol uni au soleil ; puis, après le dessèchement, battus au fléau.

Pour le riz cependant, le « paddy »[1] desséché est séparé de la bâle au moyen d'une sorte de moulin. Les légumineuses et les plantes à siliques sont d'ordinaire battues au fléau.

Dans quelques contrées isolées, on sépare tout d'abord les cosses de la paille des fèves de Soja, et seules ces cosses sont battues au fléau. Pour briser la cosse, on emploie un bâton rond en bambou, qui est fendu dans la longueur en deux morceaux et dont une extrémité est fortement liée avec des cordes et dont l'autre extrémité est entaillée obliquement vers l'intérieur de chaque côté, de telle façon que cette entaille forme un triangle à angles aigus. On serre alors fortement la paille dure de la fève dans la fissure du bambou, qu'on tient de la main gauche, et en tirant de l'autre main la paille, on sépare ainsi les gousses.

Le nettoyage des céréales se fait, dans les petites exploitations, à l'aide du van ; dans les grandes, on se sert de machines.

Les plantes tuberculeuses sont cultivées par le binage ou à la charrue et récoltées comme en Allemagne.

1. Riz non émondé. (H. G.)

Le transport par voiture fait complètement défaut dans l'agriculture japonaise. Tous les produits sont portés sur des perches par des hommes ou sur le dos des animaux. Il est très difficile d'introduire jusqu'à présent, dans notre exploitation agricole, le transport par voiture, car les chemins des champs sont si étroits, que deux personnes peuvent à peine y marcher l'une à côté de l'autre. Quant au travail de nos champs avec des instruments primitifs, simples et grossiers, il faut un grande patience, et le cultivateur témoigne cette vertu avec un tel zèle, que l'on ne rencontre que des champs en culture toujours ameublis et sans aucune mauvaise herbe ; en un mot, ces champs sont aussi bien tenus, aussi propres qu'un parterre de jardin.

La culture profonde, qui est devenue le but définitif de l'agriculture européenne, est tout à fait impraticable avec notre outillage agricole et ne préoccupe que très peu ou même pas notre paysan ; car il ne considère son champ que comme le domicile des plantes, il croit pouvoir leur apporter du dehors une alimentation suffisante et, en effet, il la leur apporte. On compte, en général, que le tiers du produit de la récolte doit être rapporté au champ sous forme d'engrais pour obtenir chaque année une récolte égale.

Le paysan japonais n'a naturellement aucune idée sur la façon dont la plante se nourrit ; mais sa pratique lui apprend tout aussi bien que, lorsqu'il donne beaucoup d'engrais aux plantes, elles croissent luxurieusement, mais qu'une dose d'engrais trop forte peut les faire verser ou les rendre malades ; que sans fumure elles croissent misérablement, qu'un travail soigneux du sol donne un tallage et un port robuste à la plante et que, pour cette raison, elles utilisent mieux les engrais mis à leur disposition.

On estime que pour le travail total de culture d'un champ de riz de 50 ares ou d'un champ ordinaire de 25 à 40 ares, un homme vigoureux est nécessaire et qu'un tel ouvrier doit consacrer, pour un champ de riz d'un hectare, 200 à 400 journées de travail et pour un autre champ de la même surface, 300 à 500 jours de travail s'il n'a pas recours aux animaux. S'il emploie une bête de trait, le même champ de riz exige 70 à 120 jours de travail, et l'autre 100 à 200 jours.

Lorsque le pays était complètement fermé à l'étranger, le consommateur dépendait exclusivement du paysan pour son alimentation, ce dernier était parfaitement heureux et content avec une culture intensive sur une toute petite surface du sol. Depuis que le marché du monde alimente le consommateur et le rend indépendant du producteur indigène, la condition du paysan est devenue tout autre : il doit maintenant organiser son exploitation tout autrement qu'autrefois. Si l'agriculture japonaise veut s'adapter aux circonstances nouvelles, elle doit avant toute chose importer, pour remplacer ses instruments agricoles primitifs, des machines et des outils nouveaux, conformes au but et faciles à manier ; suppléer au travail de l'homme, si péniblement exécuté jusqu'à ce jour, par le travail de l'animal et répartir des forces d'homme superflues et coûteuses pour la colonisation des contrées jusqu'alors inhabitées (*Wildnis*) et inutilisées, afin de les fertiliser et d'accroître la production agricole, en abaissant les prix de revient.

IV. — Engrais.

L'agriculteur, dans les pays modernes de culture, doit diriger son exploitation en appelant à son aide les sciences naturelles, qui ont pris un grand développement, de telle manière qu'il répare non seulement directement par un apport d'engrais les pertes du sol en éléments fertilisants, mais aussi indirectement, par la culture des plantes à racines profondes, la jachère, un labour profond et par une alternance des récoltes, c'est-à-dire qu'il doit chercher son profit de tous côtés. La culture des plantes fourragères sert à l'entretien du bétail, qui livre l'engrais pour le champ.

Au Japon, les agriculteurs, par suite du manque de bétail, se sont vus contraints de restituer les principes nutritifs enlevés au sol par les plantes, principalement sous la forme de déjections humaines.

L'intensité de la culture s'est accrue au fur et à mesure de l'accroissement de la population et , en même temps, le soin à apporter à la fabrication des engrais.

Je dois décrire ici tous nos procédés de fabrication d'engrais, même au péril de blesser le sentiment esthétique, en m'appuyant sur les paroles de Liebig, qui expliquait, dans ses *Lettres sur la Chimie,* que le terme « engrais » ne devait pas être pris dans un sens désagréable.

Les fosses d'aisance sont en général divisées en deux parties : dans l'une on rassemble les excréments solides et dans l'autre les excréments liquides. Au sous-sol de chaque partie se trouve placé un grand tonneau de 80 à 100 centimètres de diamètre, pour recueillir les excréments. Ces tonneaux sont enfoncés profondément dans le sol et cimentés tout autour dans l'espace vide, avec une légère chute d'eau vers le milieu, pour rendre possible un nettoyage convenable au moment du vidage.

Aussitôt qu'un de ces tonneaux de maison est rempli, le contenu en est versé dans un réservoir à engrais plus grand qui, le plus souvent, est placé dans le champ, tout près du chemin.

Ce réservoir consiste tantôt en un grand tonneau de 2 mètres de hauteur et de 2 mètres de diamètre, enfoui en terre jusqu'au bord supérieur, tantôt en une fosse cimentée, dont le bord supérieur s'élève de 1 pied à 1 pied et demi au-dessus du sol.

Près de ce réservoir, s'en trouve un autre aussi grand, dans lequel on réunit avec le plus grand soin les eaux des bains, de cuisine et les eaux des blanchisseries. Ces eaux sont recueillies pour étendre les excréments, en faisant un mélange intime, sans l'addition d'aucune autre matière, environ à volumes égaux. Puis on recouvre la fosse remplie de cette bouillie d'engrais étendu d'une natte de paille à tresses serrées ; bientôt après, les matières denses descendent peu à peu et entrent en fermentation. Entre temps, le tonneau de la maison s'est à nouveau rempli ; on recommence la même opération et on mélange, comme il a été dit, avec le même volume d'eau. On continue ainsi jusqu'à ce que la fosse soit pleine : on laisse alors le mélange, après l'avoir encore agité une dernière fois, reposer, suivant la saison, de 3 à 5 semaines ou même plus. Le nombre de fosses que le cultivateur possède varie suivant son exploitation et les plantes qu'il cultive (en moyenne 2 à 4 par hectare); il emploie l'engrais préparé d'après la méthode décrite, au moment où la masse présente à la surface du liquide une couleur gris-vert et une odeur tout à fait particulière ; mais jamais il ne le répand à l'état frais.

L'urine est recueillie comme les excréments et conservée dans un réservoir particulier, sans aucune addition. Elle est surtout employée à la fumure des légumes et des plantes à feuillage, car elle agit beaucoup plus rapidement qu'aucun autre engrais. J'ai acquis moi-même la conviction, dans ma pratique d'autrefois au Japon, que l'action de l'urine, dans une saison favorable, est déjà visible au bout de trois jours, tandis que les excréments étendus ne commencent à agir qu'une semaine après l'épandage. D'autre part, l'action de ces derniers se prolonge plus longtemps. D'après cela, on doit employer l'urine quand on tient à obtenir une belle végétation.

Outre les excréments humains, le paysan japonais utilise comme engrais le fumier, le guano de poisson, les tourteaux, les cendres d'os, les déchets de fabrique et certains minéraux.

L'emploi du fumier a toujours été jusqu'ici d'une minime importance, vu le manque de bétail. Mais on le recueille très soigneusement sur les routes pour l'utiliser le plus souvent à l'état de compost, mais quelquefois aussi directement, en l'épandant sur le champ, à l'époque de la semaille, haché comme de la paille grossière.

Les poissons et les autres produits de la mer entrant pour une part énorme dans notre alimentation, les résidus de ces aliments apportent un contingent important à la préparation des engrais. Nous citerons, par exemple, les thons (*Thunus vulgaris*), qui atteignent une longueur de 3 mètres et dont on prend une grande quantité dans toutes les parties de la côte océanienne, pour les manger, et la tête, les intestins, la peau, les os, etc., de ces animaux sont autant d'engrais, dont la culture bénéficie. Ces déchets sont soigneusement recueillis chez les marchands de poissons et dans les restaurants et envoyés à la campagne. Le paysan met ces déchets bruts de poissons dans un grand réservoir à engrais, verse dessus de l'eau de bain chaude, qu'on se procure facilement presque partout chez nous, et remue la masse pour la mélanger intimement. Puis, il puise dans un réservoir placé près du premier une nouvelle quantité d'eau préparée à l'avance, qu'il verse sur la matière ; il remue encore le tout profondément, recouvre le réservoir d'un tapis de paille et laisse la masse au repos, pour que, sous l'influence de la température élevée, les éléments solides entrent rapidement en putréfaction.

Au bout de quelques semaines, la masse est putréfiée, et l'eau qu'elle renferme possède une couleur noir verdâtre et une odeur piquante insupportable. On emploie ce liquide après l'avoir beaucoup étendu ; puis on reprend par l'eau chaude les parties solides restées non attaquées : cette opération est recommencée jusqu'à ce que les os se détruisent et se dissolvent.

Cette lessive d'engrais de poissons, ainsi préparée et fermentée, à odeur piquante, provoque un très rapide développement des plantes et, pour cette raison, est grandement appréciée par le paysan.

Dans certaines contrées du Japon, notamment dans l'île Yezo, on capture, à certaines époques périodiques, de grandes quantités de poissons, comme le saumon (*Salmo salar L.*) et les *Clupea* (comme, par exemple, l'*Engraulis encrasicholus L.*). Tous ceux de ces poissons qui ne peuvent être ni consommés sur place, ni salés ou conservés dans l'huile, sont aussitôt employés pour la fabrication de l'huile et les résidus livrés à la culture comme guano de poisson. Cet engrais est le plus répandu et le plus estimé de tous les engrais artificiels au Japon. Il est employé pour toutes les récoltes et répandu en couches qu'on recouvre d'engrais naturels ; même dans la culture de la plante à indigo (*Polygonum tinctorium Louv.*), il est employé seul et non plus comme fumure complémentaire.

Le plus souvent c'est en poudre qu'on utilise ce guano ; après l'avoir concassé finement dans un grand mortier, on le mélange intimement avec un compost aussi finement pulvérisé. Il arrive rarement qu'on le traite par le lessivage, comme les eaux de cuisine.

Les tourteaux sont exclusivement utilisés comme engrais et aussi estimés que le guano de poisson. Ils subissent d'abord une pulvérisation, sont additionnés à des cendres de bois, de l'argile et des bâles, arrosés avec du purin et mélangés intimement jusqu'à ce que la masse soit uniformément humectée, puis disposés en tas et recouverts d'une natte en paille ; on les laisse en place ainsi pendant 2 à 4 jours, suivant la saison. Une chaleur considérable se développe sous cette natte : il se produit une moisissure blanche et une odeur forte caractéristique. On disperse alors le tas et on le refroidit. Cette masse à moitié décomposée sert ordinairement comme engrais de semaille, soit seule, soit mélangée à un compost tamisé finement. — On fume de préférence avec cet engrais le tabac, le cotonnier et la canne à sucre.

Dans plusieurs régions, on enferme des bandes considérables de pigeons en un local organisé dans ce but, afin d'avoir de l'engrais. Cette colombine est pulvérisée et traitée comme le guano de poisson. Les poules sont, ainsi qu'aux temps primitifs, considérées par chaque famille, à la campagne, comme une horloge annonçant l'heure à laquelle, surtout en hiver, le travail du matin doit commencer ; on les a conservées pour les œufs, mais en petit nombre, de sorte que le fumier de poules est très rare et n'existe qu'en trop faible quantité pour être employé seul à augmenter la fertilité du sol. C'est pour cela qu'on le composte d'ordinaire.

Les déchets de l'élevage des vers à soie (excréments des vers, les chrysalides cuites, les vers pourris, etc.), qui a pris un tel développement chez nous, sont aussi une source de matières fertilisantes précieuses pour notre culture. Ces déchets sont, en général, mélangés pour l'usage avec d'autres engrais liquides, dans les réservoirs, et souvent aussi compostés.

Les os des animaux de la ferme, ceux des bêtes sauvages, des poissons, etc., ont aussi été utilisés de tout temps pour la fumure des terres : on les calcine et c'est sous forme de cendres qu'on les emploie surtout dans les cultures de canne à sucre, d'indigo et de tabac; parfois on les pulvérise avec un compost.

A cause du manque de bétail, la paille n'est pas en valeur comme en Allemagne. On s'en sert surtout pour des buts techniques, en partie pour l'incinérer et en partie pour la rendre au sol sous forme de compost. Pour obtenir les cendres, qu'on mélange à l'engrais de semaille pour fumer les sols d'origine volcanique et plutonique, chaque membre de la famille réunit soigneusement les cendres de son fourneau et l'excédent de paille non utilisé dans la ferme est brûlé ; dans les pays de prairies, ce sont les mauvaises herbes ; sur les pentes montagneuses, les feuilles tombées et les arbrisseaux dans les forêts, qui jusqu'ici n'ont pas trouvé d'autre emploi. Pendant l'incinération, on verse perpétuellement de l'eau sur le tas en combustion, l'action de cendres ainsi préparées étant beaucoup plus puissante que celle de cendres obtenues sans addition d'eau. Ce procédé empirique est justifié aussi au point de vue scientifique, car la calcination des graminées doit être faite à une température aussi basse que possible; c'est d'ailleurs le principe appliqué en chimie analytique : si on chauffe trop les silicates et les phosphates, ils fondent en englobant les principes utiles à la plante et les rendent insolubles.

On applique toujours les cendres en mélange avec d'autres engrais; comme pour les tourteaux, le mélange une fois fait, on délaye le tout avec des excréments humains et on laisse la décomposition de la masse s'opérer.

Un autre engrais, ce sont les cheveux des hommes et les poils des animaux, qu'on réunit avec soin : une partie de cheveux ou de poils et deux parties de cendres, bien homogènes, sont arrosées de purin, de manière à former une espèce de pâte avec laquelle on engraisse surtout les champs dont le sous-sol est très froid, ou bien alors on fume les arbres, tels que l'arbre à laque (*Rhus succedanea*), les différentes espèces de citronniers et quelques arbres fruitiers.

Voici comment se fait la fabrication du compost qui accompagne toujours, dans notre méthode de fumure des terres, les engrais solides. On commence par réunir toutes les matières organiques, sans craindre la peine ni le travail; ainsi on récolte dans les rues les excréments des bêtes de somme, les déchets des cuisines des villes, les mauvaises herbes des jardins et des champs, etc. Toutes ces matières sont apportées ensemble et entassées en une sorte de petite meule, comme on fait en Allemagne pour les pommes de terre, dans l'ordre régulier suivant : une couche de paille, bâles, fumier d'étable, de poules et de vers, déchets de cuisine, comme la tête et les feuilles du radis, les pelures des patates, de la colocase (*Colocasia*), etc.; pardessus, le purin et les excréments liquides, puis une couche mince de chaux éteinte ou bien des débris de coquilles ou de limaçons avec des cendres de bois, et enfin une couche de terre. Ces différentes couches se répètent jusqu'à ce que le volume total de la masse ait atteint 2 mètres cubes; on couvre alors ce tas d'une natte tressée en paille pour le protéger contre la pluie et on le laisse ainsi d'ordinaire pendant un an. Les paysans désignent cette masse de compost, noire, poreuse et décomposée, sous le nom de terre d'engrais. Elle est toujours, avant l'emploi, passée à travers un tamis et mélangée à d'autres engrais. Lorsque cette masse de compost renferme beaucoup de graines mûres de mauvaises herbes, on ne l'emploie pas directement, une fois la décomposition faite, mais elle sert alors pour l'installation d'un autre compost, afin que les semences aient perdu leur faculté germinative, avant d'arriver au champ.

Outre les engrais décrits plus haut, on utilise les récoltes elles-mêmes, notamment les légumineuses. Chez le petit paysan, qui ne possède pas de bête de trait, les mauvais grains de légumineuses, d'orge, de millet et de sarrasin, qui ne peuvent servir à rien d'autre, sont cuites à l'eau et employées comme complément à d'autres engrais; mais cela est un cas bien rare.

Plus souvent, on récolte les différentes sortes d'algues dans les fleuves et dans la mer et on les rapporte à la maison. Quand, par suite de la décomposition produite par la chaleur, ces algues ont acquis une certaine odeur et une couleur particulière, on les porte sur le champ et on les enfouit à la charrue.

La fumure par l'engrais vert est très répandue au Japon. Les principales sources de cet engrais sont les bords des forêts et les pays de prairies, où on va le chercher; on ne sème aucune plante dans ce but sur le champ même, comme cela se fait pourtant dans tous les autres pays. La chaux est aussi très employée chez nous, en partie comme chaux caustique ou éteinte, en partie à l'état de cendres de coquilles, suivant le prix du produit dans telle ou telle localité. On la répand directement sur le sol, ou avec d'autres engrais, ou bien encore en compost.

Enfin, il faut encore signaler le salpêtre impur, qui cristallise sur l'aire des granges et dans tous les endroits abrités de la pluie, sous la forme d'une masse gris sale, que le cultivateur réunit avec soin et fait entrer dans la composition du compost.

Nos paysans, avec leur méthode de fumure, qui est restée la même depuis plusieurs siècles, ne pouvant rien faire pour l'amélioration du sol dans l'avenir, mais simplement augmenter le produit de la récolte suivante, appliquent directement à leurs récoltes (à l'exception du riz) l'engrais dont nous avons parlé, bien décomposé, facilement accessible aux plantes, sous la forme de poudre ou de liquide en petites quantités ; alors qu'en Allemagne les applications d'engrais se font en grand, sur toute la surface du champ.

Au Japon, on donne à la plante juste la fumure nécessaire à

son développement complet. C'est le caractère de la culture naine, qui n'admet que les soins donnés à chaque plante cultivée, prise individuellement.

Avant la semaille, on fume les sillons dans lesquels la semence sera placée, soit avec l'engrais liquide conservé dans le réservoir, qu'on mélange avec une pareille quantité d'eau, soit avec de l'engrais en poudre. Puis on sème directement sur l'engrais ou seulement après l'avoir recouvert d'une légère couche de terre. Pendant la période de végétation, on surveille le champ chaque jour et aussitôt que les plantes témoignent partout d'un petit changement dans la couleur et dans la croissance, on applique une nouvelle fumure, mais alors très étendue. On recommence de même, de 3 à 6 fois, suivant la nature du sol et la saison, jusqu'à ce que les bourgeons sortent. A ce moment, on fume encore avec un peu d'engrais étendu, qu'on appelle l'engrais de la fin; il n'y a pas de cultures sans engrais.

Voilà pourquoi, depuis un temps incalculable, c'est toujours la même plante qui a été cultivée sur le même sol, et toujours jusqu'à aujourd'hui, autant que les circonstances l'ont permis, la récolte a été la même.

Notre paysan, ignorant tout autre mode d'exploitation que celui qu'il a appris de ses prédécesseurs, fume pourtant ses récoltes avec la quantité convenable d'engrais, même quand il défriche un champ et qu'il trouve un sol vierge : ce qui fait que jamais il ne cultive sans fumure, tandis qu'en Allemagne il est d'usage de cultiver un pareil champ sans engrais pendant quelques années.

L'originalité de notre mode de fumure tient peut-être à la nature de notre climat. L'emploi prédominant d'engrais liquides, fortement décomposés, au moment de la semaille et durant la végétation, la pratique générale de la fumure avec les cendres de bois et de paille, l'apport plusieurs fois répété de petites doses de principes nutritifs nécessaires à la plante, aussi bien, et de la même façon, sur les sols légers et les sols les plus lourds, tout cela amène à penser que la base de ce système pourrait bien trouver son explication dans le climat du Japon. Malheureusement, il n'a été fait jusqu'ici aucune recherche sur la proportion d'azote combiné que l'atmosphère cède au sol à l'époque des pluies. Mais, de ce fait que notre température est plus élevée que celle de l'Allemagne, de l'Angleterre ou de la France, où de semblables recherches ont été faites, nous pouvons bien espérer que les phénomènes qui se passent dans l'atmosphère et dans le sol, et qui transforment l'azote en ammoniaque et en acides nitreux et nitrique, produiront au moins un effet égal chez nous à celui qu'ils produisent en Europe. Comme, de plus, il est constaté que la quantité d'azote combiné que le sol emprunte à l'atmosphère augmente presque proportionnellement avec la quantité des pluies, et qu'au Japon la somme des pluies annuelles surpasse infiniment celle de l'Europe, nous pouvons donc admettre que la nature apporte à nos champs une fumure azotée beaucoup plus considérable qu'aux cultures européennes, qui reçoivent à peine de l'atmosphère le tiers de l'azote nécessaire à la production des récoltes. De là, l'explication de ce fait que notre cultivateur, s'il ne peut pas tout à fait exploiter sans fumure azotée, n'a pas besoin d'attribuer à ce principe fertilisant une valeur égale à celle qu'il a en Europe [1].

Le paysan japonais compte pour une récolte quelconque, en engrais humain frais tel qu'il est, en moyenne, par hectare, 120 à 150 quintaux (600 à 700 kilogr.). Si l'on se base sur le chiffre donné par Wolff [2], le poids total de cet engrais représente 84 à 105 livres par hectare [3].

L'apport total en azote fait par le paysan à son champ représente une quantité double de celle calculée, puisqu'il donne une fumure azotée en moyenne deux fois par an. Cet apport en azote n'est donc pas un chiffre minime chez nous, bien qu'il ne soit pas démesurément plus grand qu'en Allemagne.

Le procédé de fumures partielles et fréquentes ne s'explique pas seulement par la grande quantité de pluies qui entraînent relativement vite dans le sous-sol les principes nutritifs dissous et que la plante ne peut absorber qu'en petite proportion, et par conséquent

1. Liebscher, *Japans Wirthschaftsverhältniss*, p. 23.
2. Mentzel und von Lengerek's *landwirthschaftlicher Calender*.
3. 1000 livres (500 kilogr.) = 7 livres (3^{kg},5 d'azote).

amoindrit la richesse de la plante, mais aussi par la pauvreté du paysan, qui ne peut payer en une fois tout l'engrais nécessaire.

N'ayant pas d'argent pour acheter son engrais, il ne recule devant aucune peine, aucun travail, aucune perte de temps pour l'obtenir peu à peu en échange des céréales ou des légumes qu'il produit.

Aussi rencontre-t-on de grand matin sur les routes des centaines de gens de la campagne, portant leurs produits à la ville et en même, temps des seaux vides. On voit sur les cours d'eau des centaines de canots, sur lesquels les produits du sol et les tonneaux vides sont empilés très haut, naviguer vers la ville et revenir le soir vers la campagne, rapportant au logis la prospérité pour le champ.

Enfin, il y a encore une dernière raison sur laquelle s'appuie notre façon de préparer les engrais au Japon : si on applique l'engrais en une seule fois et en grande quantité, ce n'est pas seulement mauvais, mais, bien plus, comme j'ai eu bien souvent l'occasion de le remarquer dans ma pratique agricole, cela cause un tel dommage aux plantes que s'il n'intervient pas une forte chute de pluie et que la surface du sol ne soit pas complètement lavée, les plantes périssent. Cela tient sans doute à l'action malfaisante des sels en solution concentrée sur les racines, effet qui a été constaté maintes fois scientifiquement. L'action d'une solution concentrée de sels neutres, comme le phosphate d'ammoniaque, l'azotate de potasse et analogues, s'explique évidemment par ce fait qu'en reprenant de l'eau, ils agissent sur le protoplasma, qui se retire en fléchissant de la paroi cellulaire et se contracte d'autant plus que la concentration des sels est plus forte. Mais cette action malfaisante peut être arrêtée à nouveau, en plongeant rapidement les plantes en expérience dans l'eau[1].

J'ai assez souvent remarqué en Allemagne et aussi près de Halle des faits analogues à ceux que je signalais plus haut. A un certain endroit d'un champ où jadis on avait appliqué une fumure de compost ou des masses d'engrais urbain, le blé apparut tout à fait rabougri; une observation plus attentive fit constater sur la gaine autrefois vert foncé des jeunes pousses de blé, qui avaient environ

1. *Botanische Zeitung*, 1871, p. 46.

10 centimètres de haut, des taches brun foncé. Ces plantes restèrent bien en arrière de celles des autres parties du champ, au moment de la maturation. On ne voyait plus aucune tache aux feuilles supérieures de la tige, mais on en constatait encore la présence sur celles d'en bas, déjà flétries. Je me souvins alors, d'après ma pratique d'autrefois au Japon, que j'avais anéanti entièrement une récolte par de trop fortes doses d'engrais. Après avoir fumé avec du purin de cheval concentré, je vis les plantes se recouvrir d'une moisissure brune, qui prit en quelques jours de telles proportions, qu'elles périrent et qu'il fallut à nouveau labourer et préparer une nouvelle récolte. Ces manifestations de maladie sont bien connues de nos paysans et appelées par eux : la piqûre de l'engrais.

Elles envahissent les récoltes d'été très fréquemment, surtout quand l'été est sec ; elles apparaissent plus rarement, même presque jamais, sur les récoltes d'hiver, parce qu'à basse température, les engrais se décomposent beaucoup plus lentement et sont assimilés par les plantes.

Pour les plantes de marais, l'influence nuisible d'une fumure forte est autre : car les sols marécageux renferment toujours suffisamment d'eau pour étendre l'engrais. D'ailleurs, on ne verse pas l'engrais sur ces plantes comme sur celles des terrains secs, directement sur la plante, mais on le répartit dans une égale proportion sur la surface entière du champ.

Il n'apparaît pas de taches sur les plantes marécageuses : pourtant une trop forte fumure peut amener chez la plante une altération spéciale (*Ins Kraut schiessen*) qui réduit à rien la récolte entière.

La cause de cette maladie semblerait devoir être attribuée à l'augmentation de la faculté d'assimilation de la plante par la haute température de l'eau en été (30° C.).

Les prix des rares engrais marchands varient beaucoup suivant les régions, à cause des plus ou moins grandes difficultés de transport, et je ne peux en donner ici une estimation exacte. Tout ce que je veux mentionner c'est que le prix de l'engrais humain se règle d'après celui de notre aliment fondamental, le riz : le quintal (50 kilogr.) de matières fécales vaut dans ces derniers temps, en ville, 50 à 75 cent.

On emploie généralement, pour une période d'automne, 600 kilogr. à 750 kilogr. par hectare, soit une dépense de 60 à 112 fr. 50 c.

C'est au mode de fabrication et d'utilisation des engrais que le paysan consacre chez nous sa sollicitude la plus grande : l'important pour lui est que le taux de la perte en principes nutritifs mis à la disposition de la plante par le sol soit extrêmement faible et que cette perte soit plus que couverte par l'apport du dehors, par les produits de la mer et des fleuves.

En équilibrant toujours les pertes et les gains du capital de son sol, le paysan maintient sa terre dans toute sa force de production et a ainsi, dans les limites du possible, la garantie de la sécurité et de la régularité du produit de ses récoltes. On peut donc dire d'après cela que le système suivi par notre paysan inculte, pour la fabrication et l'application des engrais, est rationnel et ne peut être ratifié qu'à ce titre par l'agriculture scientifique de l'Europe.

V. — Cultures.

Le choix des espèces agricoles à cultiver est réglé principalement dans tous les pays de culture par la nature du climat et du sol. Les excédents de production sont, grâce au mouvement commercial, échangés contre les matières alimentaires dont le pays a besoin. Jusqu'ici, le paysan, à cause de l'isolement absolu du Japon, avait seul la charge de subvenir à l'alimentation du peuple, par l'ensemble des produits de son sol. Il devait donc se laisser guider dans le choix des espèces alimentaires à cultiver non seulement par la nature du climat et du sol, mais aussi, il lui fallait tenir grand compte des besoins particuliers, suivant leurs goûts et leurs habitudes, des consommateurs.

J'ai déjà examiné brièvement dans un autre chapitre le procédé de culture employé en général dans l'agriculture japonaise ; il me reste maintenant à passer en revue toutes les plantes cultivées dans le Japon et à en indiquer la destination pratique.

Comme chacun le sait, ce sont les plantes amylacées qui forment la base de l'alimentation de l'homme : aussi commencerai-je par les céréales et d'abord par le riz, qui est la plus importante entre toutes.

Le riz (*Orysa sativa L.*). — Parmi les nombreuses céréales, c'est le riz qui, incontestablement, tient la première place dans l'agriculture et dans l'économie domestique. Il est l'aliment principal, d'après des calculs approchés, de la moitié de l'humanité[1]. Au premier rang, l'Asie orientale et méridionale, les Indes, et tout l'Archipel indien, l'Amérique et l'Europe (moins pourtant que ces premiers pays), offrent les conditions essentielles à la réussite d'une culture de riz : une proportion énorme de chaleur et d'humidité. Aussi cette culture occupe-t-elle, en tous cas, dans ces régions, la première place.

On comprend qu'au Japon, avec les garanties qu'offrait la production d'un aliment si apprécié, on se soit appliqué avec plus de soin et de zèle à cette culture qu'à celle d'aucune autre céréale. Il existe de très nombreuses variétés de riz qui, non seulement diffèrent entre elles par la forme de la semence et de la plante, mais aussi ont des exigences différentes au point de vue de la nature du sol et de l'époque de la semaille.

Les variétés de riz cultivées au Japon peuvent être classées de la façon suivante, d'après la nature des endroits où elles croissent :

1. Riz des terrains marécageux (*Oryza sativa L.*).
2. Riz de montagne (*Oryza montana Louv.*).

Ces deux variétés de riz peuvent encore, d'après la qualité du grain, se classer en :

a. Riz ordinaire et *b*. Riz visqueux (*Oryza glutinosa Rumph.*).

Les deux premières formes se distinguent par leur tenue, qui dépend des lieux absolument différents où elles se développent.

Le riz des terrains marécageux a une apparence extérieure molle et visqueuse ; ses feuilles sont plus grêles, plus minces, plus molles et plus visqueuses, ses grains plus pleins et plus savoureux que ceux du riz de montagne. Ce dernier possède une tige ligneuse et plus grosse, des feuilles larges et dures et ressemble à un jonc.

L'aspect différent de ces deux variétés, qui probablement provient

1. Krafft, *Pflanzenbaulehre*, 3. Aufl. Berlin, 1881, p. 52.

de la construction anatomique de leurs organes de végétation, peut s'expliquer ainsi qu'il suit.

C'est un fait affirmé par de nombreuses recherches que les plantes des champs perdent leurs radicelles dans l'eau et qu'inversement les radicelles des plantes des sols marécageux et des plantes d'eau prennent un développement énorme dans un sol sec, afin de s'assimiler mieux les principes nutritifs dissous dans le sol. L'ensemble de leur système cellulaire se développe en grosseur et acquiert la solidité nécessaire. C'est ainsi que l'une et l'autre variété changent d'aspect extérieur suivant le lieu de croissance.

La plante sauvage si fréquente, le *Polygonum amphibium*, offre un exemple frappant de ce phénomène.

De cette espèce, *Polygonum amphibium*, on ne décrit au plus que deux variétés dans les flores[1], dont l'une se trouve dans les endroits secs, au milieu des plantes caractéristiques des landes et des sables, et l'autre flotte dans l'eau, sur laquelle nagent ses feuilles. D'après les observations de Schmidt et de Volkens, il ne faut les considérer que comme variétés locales, qui se transforment facilement l'une dans l'autre.

Par analogie avec ce fait, on peut admettre avec raison que le riz de montagne et le riz des marais (*Oryza sativa L.*) sont une seule et même espèce, mais que la forme du riz de montagne a changé, après de longues années de végétation dans un sol différent. Il est certain que le riz des marais prospère aussi sur les sols secs, qu'alors la nature des grains et de la paille se transforme, et qu'il est en tout semblable au riz de montagne ; l'inverse est également vrai. Et même ce dernier préfère, bien qu'il croisse sur le sol sec, un sol recouvert d'une eau stagnante, sur lequel il donne d'ailleurs des récoltes beaucoup meilleures.

La culture du riz de montagne est plus limitée que celle du riz de marais, parce que le grain maigre et insuffisant qu'il fournit ne peut être employé à la fabrication du pain : son principal usage est la préparation d'une boisson spiritueuse, le *Sake*. L'avantage que présente le riz de montagne pour cette préparation tient à ce que sa teneur

---

1. *Botanisches Centralblatt*, XXX, 1884, p. 198.

en principes azotés est un peu plus élevée que celle du riz de marais: ce qui favorise la végétation des champignons (*Aspergillus Oryzæ* et *Saccharomyces cerevisiæ*) indispensables à la fabrication du *Sake*. Voici, d'après Kellner[1], quelle est la composition des deux espèces de riz (écossés) :

	RIZ des marais.	RIZ de montagne.
	P. 100.	P. 100.
Eau	14.20	12.77

Composition de la substance sèche.

	RIZ des marais.	RIZ de montagne.
	P. 100.	P. 100.
Protéine brute	9.84	11.27
Graisse	2.66	2.57
Cellulose brute	1.45	1.62
Cendres (exemptes de carbone et de CO^2)	1.02	1.29
Amidon	77.86	77.34
Sucre brut et dextrine, glucose et matières extractives non azotées	10.17	5.91

L'analyse des cendres pures a donné, pour 100 parties :

	RIZ des marais.	RIZ de montagne.
	P. 100.	P. 100.
Potasse	22.94	21.73
Soude	4.94	1.59
Chaux	3.24	2.12
Magnésie	10.54	6.61
Sesquioxyde de fer	1.03	1.61
Acide phosphorique	51.37	51.99
— sulfurique	1.85	2.08
Silice	3.14	2.63
Chlore	1.05	4.49

Une différence beaucoup plus frappante existe entre le riz ordinaire et le riz visqueux. Mais ce dernier a été si peu étudié scientifiquement jusqu'ici qu'on ne sait pas si l'on se trouve en présence d'une variété dans l'espèce.

1. Nobbe, *Landw. Versuchsstationen*, Band XX, 1884.

Le riz visqueux doit son nom à cette particularité, qu'après avoir été mis à l'étuvée ou cuit et remué, il se transforme en une sorte de masse visqueuse d'une grande ténacité, comme cela n'arrive pas avec le riz ordinaire. Cette propriété est commune à la farine de froment et attribuée à l'existence d'une matière azotée particulière, la *gliadine*, que ne renferment pas les autres céréales et qui est soluble dans l'alcool chaud.

On pouvait donc, si elle existait dans le riz visqueux, constater sa présence par la dissolution dans ce réactif; mais la recherche entreprise dans ce but ne donna aucune différence sensible pour les deux sortes de riz au point de vue des quantités d'albumine soluble dans l'alcool. Aucune différence non plus avec l'extraction par l'eau froide. Le seul caractère distinctif est l'action d'une solution d'iode sur la farine : tandis que le riz ordinaire donne la réaction bleu foncé de l'amidon, le riz visqueux se colore en brun, coloration que Dafer[1] a attribuée à une certaine modification de l'amidon, peu connue, l'*Erythroamylum*.

Voici la composition chimique des deux sortes de riz[2] :

		RIZ ordinaire.	RIZ visqueux.
		P. 100.	P. 100.
Solubles dans l'eau .	Eau	11.96	10.56
	Sucre et dextrine . . .	1.99	4.06
	Cendres	0.58	1.12
	Matières albuminoïdes. .	1.76	0.74
Insolubles dans l'eau.	Matières albuminoïdes. .	5.42	5.62
	Amidon	73.31	70.15
	Cellulose.	3.68	3.63
	Graisse.	1.07	2.48
	Cendres	0.22	0.38

Il ne ressort de ces analyses aucune différence importante dans la composition chimique ; mais, dans la pratique, un coup d'œil suffit pour les distinguer. La plante que donne le riz visqueux a la couleur du lait, blanc jaunâtre, et quand elle est dépouillée de son enveloppe, le grain apparaît blanc et opaque, alors que le riz ordinaire est jau-

1. Dafer, *Kenntniss der Stärke. Thiels landw. Jahrbücher*, 1876, p. 26.
2. Atkinson, *The chemistry of Sake Brewing Tokio*, 1881, p. 2.

nâtre avant l'émondage et apparaît blanc et transparent après. De plus, la paille du riz visqueux est plus fine, plus tenace et plus résistante, si bien qu'on l'emploie de préférence à celle du riz ordinaire pour les usages techniques : cordes à ficeler, sandales, etc. Les barbes des épis du riz visqueux ont une couleur variable : jaune clair, brun, brun rouge, brun noir, couleur de cendres sales, elle varie du violet au noir, tandis que celle des nombreuses variétés de riz ordinaire que je connais, sont toujours d'un jaune clair. Le riz visqueux est employé surtout à la fabrication des différents mets fins farineux cuits au four, les gâteaux et aussi pour faire de la colle.

Bien que le riz soit cultivé dans toutes les parties du Japon, il réussit mieux dans les régions sud que dans les régions nord ; car cette plante marécageuse n'exige pas seulement d'être submergée pendant quelque temps, mais aussi elle a besoin d'une température estivale d'au moins 23° C.

On ne sème pas directement le riz des marais sur le champ, comme les autres plantes, mais on l'élève sur couches et on ne le repique dans le champ que quand il a environ 15 centimètres de hauteur. Suivant le région et suivant la variété, la semaille se fait du 15 avril au 15 mai ; dans les contrées sud, on sème au milieu d'avril et on transplante au commencement ou vers le milieu de juin. Dans la partie médiane du Japon, comme, par exemple, dans la région de *Tokio,* la semaille s'opère 2 ou 3 semaines plus tard, et dans les contrées nord 4 à 5 semaines plus tard. Les couches d'élevage de riz, formées d'une petite surface choisie dans le champ, qui permet la régularisation des eaux, sont déjà vides à l'automne et au printemps travaillées à nouveau profondément et fumées. Pour submerger le sol et lui donner un état aussi pâteux que possible, on l'enferme dans une digue de terre polie de 35 à 80 centimètres de hauteur et de largeur, on le travaille à la houe et on le mélange à la main de façon à comprimer ensemble tous les grumeaux. Puis on laisse la surface de la terre, que ce travail à la main a complètement lissée, se dessécher au soleil jusqu'à ce qu'elle commence à se fendre. On place alors de nouveau le sol sous une couche d'eau de 5 à 8 pouces et on répand la semence. Cette semence a déjà subi auparavant un commencement de germination, exposée dans un sac tout un jour à la chaleur du soleil. Pour protéger les jeunes semailles, on dispose sur les talus en terre, tout autour de la couche, une barrière faite de bambous et de roseaux tressés et on tend çà et là des réseaux de fil ou de minces cordes en paille. La semence, semée à la volée, s'enfonce dans le sol, où on la laisse germer tranquille pendant une semaine, et on ne se préoccupe que de remplacer tout de suite l'eau qui diminue par l'évaporation et le dessèchement ; et voici la méthode suivie pour régler la quantité d'eau : le soir, on laisse une couche d'eau suffisante pour que le plan qu'elle forme au-dessus du sol ait une hauteur de 6 à 8 pouces et empêche l'action de l'air plus frais de la nuit sur la germination ; le matin, au contraire, on laisse partir l'eau de façon à ne plus en laisser qu'une couche de 2 à 3 centimètres, afin de permettre au soleil de produire son œuvre bienfaisante. Les jeunes plants de riz s'efforcent aussitôt d'atteindre la surface de l'eau, tandis que leurs petites racines s'enfoncent à peine dans le sol. Au bout d'une semaine, la plante a 2 ou 3 centimètres de hauteur et on vide l'eau, pour que les racines puissent s'implanter solidement.

Deux jours après, les plantes sont fortement enracinées ; on recouvre à nouveau la couche d'une nappe d'eau de 3 à 5 centimètres et on la laisse en cet état durant 35 à 45 jours : c'est à ce moment qu'on transplante ; le meilleur temps pour cette opération est 45 jours après la semaille.

C'est de la fin d'avril au commencement de mai qu'on prépare le champ à recevoir la semence. Pour enrichir le sol, on répand de la paille de riz, de légumineuses, de colza grossièrement hachée, du compost ou de la chaux éteinte, mais surtout des engrais verts (gazon, mauvaises herbes, broussailles, petits rameaux, etc.), soit au moyen d'un labourage complet du champ, soit seulement dans les sillons. L'épandage se fait aussi directement sur la surface aplanie du sol, où l'engrais est rapidement décomposé par l'eau et par le limon. Pour les engrais liquides ou pulvérisés, l'application suit immédiatement l'aplanissement de la terre.

Le champ s'irrigue au moyen de canaux d'arrivée qui sont embranchés sur les rivières ou les ruisseaux, et de tranchées plus petites, dont une et même plusieurs servent à l'amenée et à la dérivation de l'eau, pour chaque partie du champ.

Dans les contrées pauvres en eau, on recueille celle-ci dans des étangs. De plus, dans quelques endroits on a installé, à proximité des étangs ou près du champ, une sorte de puits artésien qui donne l'eau nécessaire. Pour obtenir une pareille source jaillissante, on perce un trou dans la terre avec un foret en fer d'une épaisseur d'environ 3 pouces, à une profondeur de 30 à 35 mètres et on enfonce dans le trou un tube en bambou, dont les anneaux noueux ont été enlevés, pour empêcher que ce trou ne se bouche : c'est à travers ce bambou que l'eau jaillit des profondeurs. De cette façon, l'eau de source arrive directement sur le champ de riz, ou bien est recueillie dans un étang pour s'y réchauffer et amenée alors au moyen de roues à aubes. Autrefois, cette manœuvre était exécutée par deux personnes qui, placées l'une en face de l'autre sur les deux bords de l'étang, faisaient osciller en mesure un seau suspendu à une solide corde, de façon qu'à chaque mouvement d'abaissement du bras, le seau plongeait dans l'eau et qu'une autre oscillation en hauteur vidait l'eau dans un canal qui la conduisait au champ. Cette méthode antique est encore en usage maintenant en quelques endroits, dans les petites exploitations.

Quand le champ est travaillé, fumé, aplani et irrigué, le moment est venu de transplanter les jeunes plants de riz : on les transplante de la couche sur le champ préparé et recouvert d'une couche d'eau de 5 à 10 centimètres. Ces plants ont atteint, pendant la période de leur développement (en 40 ou 45 jours), une hauteur de 15 à 20 centimètres. On les arrache et on les met en bottes pas trop grosses pour que la petite main des femmes puisse les tenir commodément. Un homme emporte au champ dans une corbeille de bambou, un certain nombre de ces bottes et les jette une à une à droite et à gauche ; d'autres hommes et d'autres femmes les ramassent et commencent la plantation.

On plante de 3 à 7 plantes ensemble, suivant la nature du sol, en bottes séparées dans les raies tracées au cordeau et à un intervalle d'environ 23 à 35 centimètres, si bien qu'entre quatre de ces touffes il reste un espace carré libre qui permet le travail pendant la végétation. Sur un are, il croît environ 1,100 à 1,800 de ces touffes.

Aussitôt que le riz est planté, les digues de terre des couches reçoivent une autre destination : dans des petites cavités creusées à une distance de 30 à 40 centimètres l'une de l'autre, on sème 3 à 5 fèves de Soja et on recouvre de terre ou de balles de riz. Alors le travail spécial de préparation est terminé. Treize jours environ après, quand le développement du riz a recommencé sur le champ, on ravale à nouveau les mottes de terre déjà enterrées avec de l'eau et du limon et on les comprime ensemble; on détruit les mauvaises herbes qui germent déjà et on garnit les places vides avec de nouvelles lignes de plants.

Ce travail commence d'ordinaire avant qu'on ne laisse l'eau s'évaporer ou s'en aller. Puis, chaque semaine, on remue profondément les intervalles qui séparent les plantes, afin de détruire les mauvaises herbes et de retourner le limon en même temps. Tous ces ouvrages sont faits à la main et répétés 4 à 7 fois, jusqu'au moment où le riz porte des panicules. Il faut encore alors porter son attention sur la régularisation de l'eau. Par une saison sèche, on laisse couler beaucoup d'eau sur le champ, mais bien moins par un temps humide et froid, pour permettre le réchauffement du sol. D'après cela, selon la saison, la hauteur de la couche d'eau varie entre 8 et 15 centimètres. Si maintenant des pluies fréquentes versent sur le champ une grande masse d'eau, on ne laisse pas cette eau monter au-dessus du niveau indiqué, mais, au contraire, on maintient ce niveau constant en dérivant la quantité d'eau nécessaire, afin que les conditions de température restent convenables pendant la végétation jusqu'au jour où les panicules s'inclinent; alors on laisse écouler toute l'eau.

La floraison du riz, selon la durée plus ou moins longue de la végétation, a lieu du commencement d'août au milieu de septembre; la récolte, à la fin d'août jusqu'aux premiers jours de novembre.

Le produit d'une culture de riz varie, avec la variété et avant tout la nature du sol et le mode de culture, entre 12 et 35 *Koku*[1] par *Chô*[2], soit 21 et 63,3 hectolitres par hectare.

La production totale du riz s'est élevée, d'après une statistique du

1. *Koku* = 182,5 litres.
2. *Chô* = 9917$^{m.car.}$,35.

ministère de l'intérieur pour 1882 à 30692327 *koku* ou 511538783 hectolitres.

Orge. — L'orge commune (*Hordeum vulgare L.*) joue, après le riz, un rôle important dans la fabrication du pain, surtout dans les parties basses du pays.

Sous-genres cultivés : l'orge à six rangs ou hexastique[1] (*Hord. vulg. hexastichum L.*), l'orge tétrastique (*Hord. vulg. tetrastichum Kcke*) et l'orge tétrastique gymnosperme (*Hord. vulg. cœleste L.*), mais ce dernier uniquement comme céréale d'hiver, les deux premiers sur une grande étendue dans les provinces du nord et les derniers dans les régions du sud. Le cercle de culture pour ceux-ci est limité au 38e degré de latitude nord.

La semaille de l'orge se fait du commencement d'octobre aux premiers jours de novembre. La floraison a lieu de la fin d'avril au commencement de mai et la moisson de fin mai à fin juin.

Le grain est, dans la plupart des cas, transformé en une espèce de gruau et soumis à la cuisson, soit seul, soit mélangé avec d'autres céréales, comme le riz, le millet ; il sert à la nourriture quotidienne, surtout dans les classes inférieures de la société. On emploie aussi l'orge comme aliment pour les chevaux.

Le seigle et l'avoine n'existent nullement dans la culture du Japon.

Froment (*Triticum sativum L.*). — Deux sous-genres cultivés en hiver : le blé barbu à longue paille et le blé court sans barbe.

Le blé n'étant pas employé, comme en Europe, à la fabrication du pain, sa culture a pris un développement beaucoup moindre que celle de l'orge et on s'est peu attaché à la perfectionner et à la soigner.

L'épeautre n'est nulle part cultivé au Japon.

C'est généralement sur les terrains où l'orge n'a pas réussi qu'on sème du blé : par exemple dans les sols compacts ou pierreux et aussi sur les sables très légers des côtes, alors qu'en Allemagne on choisit les meilleurs sols.

La semaille et la récolte ont lieu 14 jours à 3 semaines plus tard que pour l'orge.

---

1. Orge-escourgeon lâche.

Le principal usage qu'on fait du blé est de l'employer, en mélange avec les fèves de Soja, pour la confection de la *sauce de Schoyu;* avec la farine on fait aussi des nouilles et on s'en sert en cuisine pour différents mets, soit seule, soit avec du sucre. Les couches de gluten, qui restent mélangées le plus souvent dans la mouture avec le son, sont débarrassées du son par un pétrissage dans l'eau salée et sont mangées soit cuites, soit sous forme d'une sorte de pâtisserie sèche ressemblant à des nouilles et dont la consommation est fort en usage sous le nom de *Fu.*

On cultive aussi plusieurs variétés de *millet à grappes* ou *pancratier d'Italie* (*Setaria italica Kunth., Panicum italicum L.*), qui diffèrent non seulement par la couleur des grains, mais aussi en certains points particuliers.

Comme pour le riz, on distingue le millet commun et le millet visqueux. Les grains du premier sont jaunes, ceux du second rouges, jaunes, ou vert-gris et de plus, quand ils sont cuits ou étuvés, ils se prennent en une masse visqueuse si on les remue, ce qui n'arrive pas pour les autres. L'amidon de cette variété donne la même réaction avec l'iode que celui du riz visqueux. Le millet visqueux est employé pour la pâtisserie, soit seul, soit mélangé au riz visqueux; il est estimé par les gens de la campagne à l'égal du froment et en maints endroits, surtout dans les districts élevés, c'est un aliment fondamental.

Le millet commun à panicules (*Panicum miliaceum L.*) est l'objet d'une culture extrêmement limitée : quand il ne sert pas à l'alimentation de l'homme, on en nourrit les oiseaux, par exemple les oiseaux des Canaries. L'amidon de ce millet donne aussi avec l'iode la réaction de l'érythro-amyle, fait qui paraît n'avoir été remarqué par personne jusqu'à présent.

Oplismène pied-de-coq (*Panicum crusgalli L. — Panicum corvi Thunbg. — Oplismenus crusgalli Kunth.*). — Comme pour le riz, deux variétés : *visqueuse* et *non visqueuse* (marais et montagne). Cette dernière est cultivée aussi bien dans les pays de montagnes que dans les vallées : elle remplace le riz dans le cas où la croissance de cette plante a été dérangée, soit à cause de la mauvaise saison ou pour d'autres raisons, et qu'alors le moment de la transplantation est passé. — Mêmes emplois, suivant la variété, que pour le millet à grappes.

Éleusine (*Eleusine crocana Gaertn.* — *Cynosurus crocana L.*). — Plante de montagne, beaucoup moins cultivée que le millet.

Sorgho (*Sorghum vulgare Pers.*). — Cultivé partout, mais en petites quantités. On l'élève sur couches et on le transplante sur les bords des champs, avec un intervalle de 30 centimètres entre chaque pied : c'est un produit accessoire du champ. Les panicules dures de cette plante servent à faire des balais comme celles du *pancratier italien,* quand on en a extrait les grains. — Même réaction de l'amidon avec l'iode (*érythro-amyle*). — Époque des semailles : fin avril au commencement de juin. — Époque des récoltes : fin août au commencement d'octobre.

Maïs (*Zea Mais L.*). — Culture très répandue et même générale, mais toujours en proportions très restreintes. — La culture commence après celle des diverses variétés de sorgho ; la plantation se fait généralement sur les bords du champ, quelquefois aussi au milieu d'un champ de légumes. Le grain des variétés de maïs est le plus souvent petit, et la couleur de la plante varie entre le jaune, le jaune-blanc, le rouge foncé, et le violet. Le maïs à gros grain (maïs dent-de-cheval) a été tout récemment importé d'Amérique.

Emplois du maïs. — Les panicules à l'état de demi-maturité sont cuites à l'étuvée ou rôties sur du charbon de bois pour être mangées ; les grains mûrs sont passés au moulin et utilisés de différentes façons.

Époque de la semaille. — En avril sur couche ; quand les plantes ont atteint une hauteur de 15 centimètres environ, on en transplante 2 ou 3 en laissant un intervalle de 25 à 20 centimètres.

La récolte se fait en juillet ou au commencement d'août.

Sarrasin (*Fagopyrum esculentum* [*Mönch.*]. — *Polygonum fagopyrum L.*). — Culture très répandue, en général sur les sols très légers et de sable sec, ou sur une terre nouvellement défrichée, en été.

La semaille se fait au mois d'août et la récolte à la fin d'octobre. Dans certaines contrées, surtout dans la partie sud, un même sol peut porter avec succès deux récoltes pendant le semestre d'été.

Emplois. — On fait avec les grains une bouillie de gruau ou plus souvent encore des nouilles, mets très apprécié.

La larme-de-Job ou herbe à chapelets (*Coix Lacryma L.*). — Plante monoïque, qui se rapproche aussi près que possible du maïs, et dont la semence dure se distingue par sa forme ellipsoïdale. — Deux variétés : la semence de la première est dure comme un os et recouverte d'une écaille épaisse ; elle croît à l'état sauvage sur le bord des chemins, devant les maisons, etc. La semence de la seconde a au contraire une écorce mince et est cultivée comme récolte d'été dans quelques parties du pays.

Semaille en avril et récolte de juillet à août.

On laisse la surface du champ en chaumes pendant l'hiver et les nouveaux bourgeons, sortis des touffes, produisent une seconde récolte l'année suivante, souvent meilleure que la première. Les semences, dépouillées de la bâle, sont employées comme médicaments ou, cuites avec du riz, servent d'aliments pour les malades.

Quant aux semences sauvages, ce sont les enfants qui les cueillent pour en faire des chaînes ou des couronnes en forme de chapelets. La paille n'est utilisée que comme engrais (cendres ou compost).

Le produit total des céréales les plus importantes s'est élevé, d'après la statistique du Ministère de l'intérieur en 1882 :

NOM DES CÉRÉALES.	SURFACE en hectares.	PRODUIT en hectolitres.	MOYENNE du produit par hectare en hectolitres.
—	— Hectares.	— Hectolitres.	—
Riz commun	2337979,2	51274581,65	21.52
Riz visqueux	274618,1	4479008,08	20.27
Riz de montagne.	21508,7	259905,55	11.95
Orge.	595462,9	10761371,65	17.74
Orge visqueuse	493241,0	8327661,15	16.65
Blé.	367769,1	4524189,50	12.13
Millet à grappes.	225915,7	3014080,58	13.21
Millet commun	23242,4	323924,73	13.76
Oplismène pied-de-coq et éleusine.	103014,8	1778416,50	17.01
Sorgho.	9584,6	130178,70	13.39
Sarrasin	146547,9	1223259,18	8.05
		Tonnes.	Tonne.
Maïs [1].	20927,9	15748,76	0.7535

1. Pour le maïs seul, les rendements sont donnés en Centners (= 50 kilogr.) : j'ai jugé qu'il valait mieux faire le calcul en tonnes (tonne = 1000 kilogr.), cette unité étant généralement adoptée en France pour les statistiques de production. H. G.

Légumineuses.

Fève de Soja (*Soja hispida Miq. — Dolichos Soja L.*). — De toutes les légumineuses, la fève de Soja est de beaucoup pour nous la plus importante et la plus répandue : c'est la plante agricole la plus riche en protéine, car elle en renferme environ 4/10 de son poids de légumine riche en azote et 2/10 de graisse.

Emplois. — A cause de cette richesse en matières protéiques, elle sert à la préparation de différents mets, à côté d'autres céréales pauvres en azote. Dans toutes les classes de la société japonaise, sans exception, la fève de Soja fait partie du menu journalier, sousforme de sauce (*Schoyu*), ou d'une sorte de gelée (*Miso*), de fromage blanc (*Tofu*) ou de légume sec (*Yuba*) ; quelquefois aussi on la mange cuite avec du sucre.

Variétés. — Il existe de nombreuses variétés, suivant la forme et la couleur des grains et l'époque de la semaille. La semence peut avoir une coloration jaune pâle, jaune, brun-rouge, verdâtre, mouchetée ou noire ; et la forme être sphérique, ellipsoïdale, oblongue, ou aplatie latéralement.

L'utilisation de ces variétés est aussi différente : par exemple, la variété verdâtre précoce sert à la fabrication du fromage de fèves (*Tofu*), et la variété noire tardive se mange comme hors-d'œuvre cuite avec du sucre.

La semaille se fait, suivant la variété, du commencement de mars à la fin de juin ; la récolte de juin au commencement de novembre ; mais, le plus souvent, la semaille a lieu en juin et la récolte en octobre. On sème au plantoir de 3 à 5 grains, à un intervalle de 30 à 40 centimètres.

La paille est brûlée pour faire de l'engrais, les feuilles sèches sont recueillies avec soin pour être données aux chevaux.

Fève de cheval (*Vicia Faba L.*). — Deux variétés : celle à petite et celle à grande semence, cultivées toutes deux exclusivement en hiver ; semaille en octobre et récolte en mai ou juin.

Employée soit à la confection de la sauce brune (*Schoyu*), soit pour l'alimentation du cheval, et aussi à l'état vert, avec la cosse, comme légume.

Pois (*Pisum sativum L.*). — Trois variétés cultivées en hiver : blanche, verdâtre et brun-rouge. La première se présente à la fois sous une forme sarmenteuse et non sarmenteuse.

Semaille : environ 2 à 3 semaines plus tard que pour la fève de cheval et récolte à la même époque. Mêmes emplois que la fève de cheval.

Haricot (*Phaseolus radiatus L.*). — Culture d'été très répandue : suivant la variété, la semence est blanche, verte, rouge ou noire ; la plante est sarmenteuse ou ne l'est pas, précoce ou tardive.

La période de végétation est celle de la fève de Soja et les soins culturaux aussi.

Le haricot est employé exclusivement pour la cuisine.

Dolique (*Dolichos umbellatus Thunbg.*). — Variétés se distinguant aussi par la couleur et la disposition différente des formes. — Culture d'été. — Se mange comme légume à l'état vert et, mûr, est utilisé comme les autres haricots.

On cultive encore au Japon en petites quantités un certain nombre d'autres espèces de haricots comme légumes : par exemple, le *Canavalia incurva D. C.*, le haricot commun (*Phaseolus vulgaris L.*), le haricot à bouquets (*Phaseolus multiflorus L.*), le *Dolichos cultratus Thunbg.*, etc. L'arachide souterraine (*Arachis hypogea L.*) est cultivée depuis peu dans quelques régions : on l'utilise pour la fabrication de l'huile ou comme aliment, après l'avoir passée sur le gril.

Plantes tuberculeuses et à racines comestibles.

Outre les céréales, on cultive diverses plantes farineuses à tubercules et à racines comestibles, qui passent dans l'alimentation. En voici la description.

Patate ou pomme de terre douce (*Convolvulus batatus L. — C. edulis Thunbg. — Batatus edulis Choisy*). — Importée de l'île *Riukiu* dans la province *Satzuma* (*île Kiushiu*) il y a environ 300 ans et de là, répartie dans tout le pays.

C'est l'aliment le plus recherché du peuple. Il y en a plusieurs variétés, différentes par la couleur et la forme des tubercules qui sont tantôt complètement ronds, tantôt de forme arrondie, mais allongée, à robe rouge ou blanche.

Mode de culture. — Les tubercules sont enfouis au printemps, d'ordinaire en mars, dans des sillons profonds de 6 à 8 centimètres et à une distance de 50 à 80 centimètres, sillons creusés dans une couche bien desséchée et bien fumée. Un certain nombre de pousses se développent bientôt, et quand elles ont atteint une longueur supérieure à 2 mètres (fin mai au 15 juillet), on les découpe en morceaux de 12 à 15 centimètres, dont chacun doit porter 2 bourgeons, qu'on plante dans le champ récemment préparé, à un intervalle de 35 à 40 centimètres. Ces lignes de boutures produisent rapidement de longues tiges sarmenteuses qui portent de grandes feuilles en forme de cœur et chaque plante fournit 3 à 5 tubercules de grosseur et de forme différentes.

Comme pour la pomme de terre, c'est sur les sols légers et meubles (sables, sols de tuf, etc.) que la croissance de la patate se fait le mieux. Elle pousse parfaitement aussi sur les sols lourds et ses parties vertes se développent très facilement ; mais les tubercules sont petits et aqueux, et par conséquent le produit de la récolte très mauvais.

Époque de la récolte : de août à octobre, selon la variété. — On mange les patates cuites à l'eau ou rôties à la poêle.

Pomme de terre (*Solanum tuberosum L.*). — Importée au Japon pour la première fois dans ces dernières années par la Compagnie hollandaise. Cultivée dans toutes les parties du pays, mais sur une moins grande surface que la patate.

Arum d'Égypte (*Colocasia antiquorum Schott.*). — Produit des plus importants et très estimé des paysans à cause de ses tubercules ellipsoïdaux, en forme d'œufs, et pulpeux, et de sa tige succulente.

La culture de l'arum est très répandue : nombreuses variétés différant par la forme des tubercules, des feuilles, et par la coloration de la tige. On plante des petits morceaux de tubercules au printemps et on récolte en automne.

Emplois. — Sert à la préparation de mets variés, alternativement avec la patate. Les jeunes tubercules sont aussi un légume fort goûté, de même que les tiges dépouillées de leur peau brillante et séchées au soleil.

Conophallus konjak Schott. — (*Arum Dracunculus Thunbg.*). — Cultivé dans les parties montagneuses, ne produit qu'un seul tubercule qu'on utilise pour la confection d'un mets brun gélatineux et visqueux, ou d'une colle. — La multiplication se fait au moyen des bourgeons axillaires, qu'on enlève au couteau de l'intérieur des tubercules.

Les élèves sont transplantés au printemps sur un sol riche en humus et la première récolte n'a lieu que la 3e ou la 4e année.

Caladium comestible ou tarro (*Leucocasia gigantea Schott., Caladium esculentum Sieb.*). — Plante analogue à l'arum (*Colocasia antiquorum*), sauf que sa tige ne renferme aucune substance toxique d'un goût âcre, comme les autres ; son tubercule est pourtant dur comme du bois et possède une saveur très âcre, insupportable. C'est pourquoi on ne la cultive (et seulement sur un petit rayon) que pour la tige (légume).

Igname (*Dioscorea*). — Deux espèces : *D. japonica Thunbg.* et *D. sativa Thunbg.*

La première peut se subdiviser en 2 variétés : 1° à tubercules ronds, et 2° à tubercules longs.

Ces deux espèces sont d'ailleurs l'objet d'une culture fort restreinte : les tubercules sont mangés comme légumes ou réservés pour les malades soumis à la diète.

Beaucoup plus répandue est la culture du lotus et de la sagittaire, qui tous deux sont élevés dans les marais et même plus souvent dans les étangs et entrent dans la cuisine comme hors-d'œuvre.

Lotus (*Nelumbo nucifera Gaertn., Nelumbo speciosum Wild., Nymphæa nucifera L.*). — 2 variétés, cultivées en partie pour leur magnifique floraison et, d'autre part, pour leurs rhizomes comestibles, de couleur jaunâtre, bossus, de forme cylindrique, atteignant 8 à 12 centimètres de long.

Sagittaire (*Sagittaria chinensis Sims.*). — Cultivée pour le tubercule tout rond, vert-violet, riche en amidon et de la grosseur d'une pomme de terre moyenne, qui se forme à l'extrémité du rhizome et qui est alibile.

Pour la multiplication, on plante, au printemps, les bourgeons axillaires, arrachés des tubercules, à un intervalle de 30 à 40 centimètres ; à l'automne, on dessèche le marais et on déterre les tubercules à la houe.

Plusieurs espèces de lys prennent place dans la culture maraîchère du Japon à cause de leurs oignons au goût doux-amer. Elles croissent aussi à l'état sauvage dans quelques contrées boisées, et sont recueillies en grandes quantités, pour contribuer à l'alimentation, dans un certain nombre de mets. Notons principalement : le *Lilium Thunbergianum Roem. et Schult.* (*L. nodosum Thunbg.*), le *Lilium auratum Lindl.* et le *Lilium cordifolium Thunbg.*

Il nous faut encore mentionner les plantes qui poussent spontanément au Japon et qui sont pour le paysan des montagnes une ressource importante : une papilionacée, la *Pueraria Thunbergiana Benth.* (*Pachyrrizus Thunbergianus S. et Z.*) et la fougère à l'aigle commune (*Pteris aquilina L.*).

La *Pueraria Thunbergiana* croît sur les pentes des montagnes, aux bords des forêts, dans les prés, et se distingue par sa longue tige arborescente et volubile et de grandes feuilles triternées. Sa racine, espèce de gros tubercule savoureux, très riche en amidon, donne une sorte de fécule qu'on conserve pour l'alimentation des enfants, des vieillards et des malades. Avec le liber de la tige sarmenteuse, on fabrique une sorte de tissu, pour suppléer au papier fait avec l'écorce du mûrier ; les jeunes sarments minces et les feuilles sont enfouis en terre ou compostés pour fumer le sol.

Fougère à l'aigle (*Pteris aquilina L.*). — Au printemps, la feuillade, qui n'est pas involutée, est mélangée mi-partie à l'état sec, et mi-partie à l'état vert, pour être mangée comme légume. — En automne, quand les parties aériennes sont mortes, les racines, de la grosseur d'un pouce, qui se ramifient horizontalement, sont déterrées et traitées pour en extraire la fécule de fougère, élément essentiel de l'alimentation dans quelques régions montagneuses.

On brûle de fond en comble à la fin de l'automne les broussailles restées dans les montagnes déboisées, et cela favorise beaucoup le développement de la feuillade au printemps suivant, en même temps que cela facilite la récolte.

Le radis cultivé (*Raphanus sativus L.*) est, parmi les plantes à racines pauvres en fécule, la plus répandue au Japon, sur une grande superficie.

Consommé dans toutes les maisons, à chaque repas, comme hors-d'œuvre salé, avec le riz ou d'autres aliments féculents, il présente des variétés nombreuses, que la forme des racines et l'époque des semailles différencient.

Mode de culture. — Semaille de la fin d'août au 15 septembre ; récolte en décembre. On sème en lignes, sur un champ bien préparé, on bine et on fume à plusieurs reprises pendant la période de croissance. On éclaircit en même temps la plantation, de sorte qu'à la fin de la culture, les plantes se trouvent à environ 20 centimètres de distance l'une de l'autre.

La récolte faite, on dessèche les radis au soleil avec ou sans les feuilles, jusqu'à ce qu'ils ne se cassent plus quand on les étend ; on les met alors dans un grand tonneau avec du sel ; souvent aussi on les mange frais ou secs, sans salure.

Brassica Rapa L. — Sorte de navet : un grand nombre de variétés cultivées, même emploi que le radis ; n'occupe qu'une surface insignifiante.

La bardane (*Lappa major Gaertn.*) et la carotte (*Daucus carota L.*). — Cultivées pour leurs racines, comme légumes.

Plantes oléagineuses.

Le colza chinois (*Brassica chinensis L.*). — Plusieurs variétés. — Employé en partie à la fabrication de l'huile et en partie pour l'alimentation.

Si la culture a pour but la production de l'huile, la semaille se fait à la fin de l'automne sur couches et lorsque les jeunes plants ont atteint une hauteur un peu supérieure à 20 centimètres, on transplante dans un champ bien aménagé et on récolte en mai. Cette huile est utilisée à la fois pour la cuisine et pour l'éclairage.

La moutarde (*Sinapis cernua Thunbg.*). — Plusieurs variétés cultivées, mais pour les usages de la maison, très rarement pour la fabrication de l'huile.

Le sésame (*Sesamum indicum L.*). — Trois variétés : à semence blanche, jaune ou noire.

Les variétés blanche et noire sont employées dans l'économie domestique comme épices, et la variété jaune exploitée pour l'huilerie.

Le sésame ayant une période de végétation très courte, on sème arbitrairement d'avril à juillet, et on récolte de juillet à septembre : on fait même deux cultures en été sur le même sol dans les provinces du Sud. L'huile sert pour la cuisine et la préparation des médicaments.

Perilla Ocymoides L. — Cultivée exclusivement pour la fabrication d'une huile destinée à des usages techniques, par exemple pour huiler des parapluies et des lanternes en papier, et des manteaux pour la pluie, etc.

Le ricin (*Ricinus communis L.*). — Comme la plante précédente. Fournit une huile pour les usages techniques.

Le pavot (*Papaver somniferum L.*). — Cultivé presque partout en petites quantités, tant pour l'huile que pour la graine qu'on conserve à la maison.

A cette série de plantes, se rattachent les différentes variétés de sumac, dont la production est considérable au Japon [1].

Le sumac à cire (*Rhus succidanea L.*). — Cet arbre est cultivé, de préférence dans le sud du Japon et les régions moyennes, pour la cire de ses baies ; mais, dans le nord, il réussit si peu que le profit est presque nul. Son cercle de culture semble se limiter environ au 36e degré de latitude nord.

On plante ces arbres dans les champs avec un intervalle assez grand pour permettre une culture libre de différentes récoltes : la plantation se fait ordinairement en lignes, avec intervalle de 20 mètres. Dans quelques contrées, un hectare ne porte seulement que 30 arbres.

Pour la multiplication, on emploie les semences ou bien on fait des

---

1. Je m'occupe ici de la culture des petits arbres, bien que cela puisse paraître étrange au cultivateur européen ; il m'a paru nécessaire de ranger cette culture parmi celles qui appartiennent au domaine de l'agriculture.

boutures sur les racines et tous ces nouveaux élèves sont améliorés, comme cela arrive toujours dans la culture des arbres fruitiers.

Le produit de la récolte de baies est abandonné sans qu'on en retire la cire, pendant au moins trois ans, quelquefois même plus de dix années, parce que la qualité s'améliore avec le temps et que c'est le meilleur moyen pour perdre le moins de cire possible. Aussi le fruit conservé se paye-t-il plus cher que le fruit frais.

Pour extraire la cire, on passe les baies au moulin, puis on les traite par la vapeur et on les presse à chaud. La matière brune ainsi obtenue est alors, suivant le but auquel on la destine, plus ou moins raffinée et blanchie. Cette cire est utilisée surtout dans la fabrication des bougies et les résidus de presse, employés comme engrais.

L'arbre à laque (*Rhus vernicifera D. C.; Rh. juglandifolium Don.*) ne paraît pas réussir dans les régions très chaudes : sa zone de culture s'étend du 33e degré de latitude nord, jusqu'au nord du Japon. La laque que donne sa sève est très appréciée : aussi sa culture a-t-elle pris une grande extension.

La multiplication s'opère, comme pour le précédent, soit par les semences, soit par les boutures.

Les semailles sont faites sur couches, et dans la seconde année, lorsque les plantes ont atteint la taille de 12 à 15 centimètres, on les transplante dans le champ par intervalles d'environ 1m,50. Ces jeunes plants reçoivent plusieurs fois une forte fumure et les mauvaises herbes sont arrachées. Trois à cinq ans plus tard, alors que l'arbre a acquis un diamètre de 15 à 20 centimètres, on entaille l'écorce à plusieurs endroits avec un instrument spécial et on recueille la sève qui coule. Cette opération est répétée en été 10 ou 12 fois, de mai à octobre; puis on coupe environ un mètre de la tige supérieure de l'arbre et ces parties coupées, réunies en bottes, sont plongées à moitié dans l'eau et abandonnées ainsi une semaine, Après ce temps, on les tire de l'eau, on délie la botte et on pratique dans l'écorce de nombreuses entailles, on les place au-dessus d'un réservoir, où la sève commence à couler.

Les troncs restés dans le champ sont abattus au ras du champ et utilisés comme poteaux ou bois de chauffage. On abandonne les souches sur le champ, en surveillant attentivement les drageons qui en sortent et qui produisent une nouvelle sève 3 ans après.

Le fruit de l'arbre à laque est, comme celui de l'arbre à cire, employé à la fabrication de la cire.

Plantes tinctoriales.

La persicaire tinctoriale (*Polygonum tinctorium Louv.*) est, parmi les plantes tinctoriales du Japon, la plus répandue et la plus avantageuse, parce qu'elle ne reste que peu de temps sur le champ et peut être cultivée dans la période intermédiaire entre la récolte d'hiver et celle d'été.

Mode de culture. — Dans le courant du mois de février, on sème sur une couche préparée avec soin et fortement fumée, qui est protégée de tous côtés par des planches ; puis, on recouvre toute la couche avec des nattes de paille afin de la protéger contre les gros froids de la nuit. Quand la germination est commencée dans les lignes de semailles, la couche est souvent fumée avec du guano de poisson finement pulvérisé et un compost; et chaque jour on éloigne, par un échenillage soigneux, les insectes nuisibles, qui pourraient anéantir toute la végétation de la couche d'élevage.

La transplantation des jeunes plants se fait en mai, quand ils ont atteint une hauteur de 20 à 25 centimètres, sur le champ, dans les sillons existant entre les lignes de la culture d'hiver, à un intervalle de 50 à 60 centimètres et on les laisse là jusqu'à ce que la récolte d'hiver soit coupée. Aussitôt que cette récolte est faite, on ameublit la terre au moyen de la houe dans les espaces compris entre les plantes qui ont un aspect grêle et décoloré, on fume et on répète cette opération jusqu'à l'époque de la maturité. Comme dans quelques régions certains insectes nuisibles s'abattent en grande troupe et dévorent toutes les feuilles en peu de temps. au milieu de la journée, tous les jours, de midi à 3 heures, on les chasse au moyen de balais mous, faits de paille de riz et d'un instrument formé d'un tube de bambou et recouvert de papier.

De fin juin à mi-juillet, avant l'épanouissement des boutons des fleurs, les plantes sont coupées sur le champ et emportées de suite à la maison ; là, après les avoir découpées en morceaux de 4 à 5 centimètres de long, au moyen d'un grand couteau à lame mince, on les étend sur des nattes de paille pour les sécher au soleil. Le produit de cette dessiccation est empilé en tas dans une grange spécialement organisée dans ce but. On humecte la masse peu à peu avec de l'eau et on l'enveloppe entièrement avec des paillassons, pour que, par suite de la fermentation qui se produit alors, les matières colorantes apparaissent avec plus de facilité. Quand, sous l'action de la chaleur developpée, le monceau est entièrement décomposé, on l'étale, on le refroidit et on livre aussitôt cette masse noire et sale au commerce.

Dans ces dernières années, on a introduit une nouvelle méthode, qui dans les pays du Sud, comme l'Inde, est d'un usage général pour les plantes à indigo (*Indigoferæ*) : elle consiste à plonger dans l'eau les plantes moissonnées à l'état vert, afin d'en retirer les matières colorantes.

Mais ce procédé n'est encore que peu usité, car on ne connaît pas dans les teintureries japonaises la façon d'utiliser les matières colorantes pures. La durée de culture sur le champ de la persicaire tinctoriale est en moyenne de 50 à 70 jours ; la période de temps intermédiaire entre les cultures d'hiver et celles d'été y suffit donc.

Le *carthame tinctorial* (*Carthamus tinctorius L.*). — Culture répandue sur une grande superficie. — On sème d'octobre à fin novembre et on récolte de mai à juin : on cueille à la main les fleurs avant leur épanouissement ; on les broye aussitôt dans un mortier, on les lave à l'eau froide, et on les laisse se moisir dans une chambre, à l'abri de l'air et de la lumière. Quelques jours après, quand elles sont recouvertes d'une moisissure blanche, on les sort de la chambre et on les dessèche dans un courant d'air sec. On emploie cette matière pour teindre en rouge la soie et le fard. On fabrique aussi de l'huile avec les semences.

Le *grémil officinal* (*Lithospermum officinale L.*). — Cultivé dans certaines régions pour ses racines, qui servent à teindre les soies en violet et pour la pratique médicale.

La *garance* (*Rubia cordifolia L.*). — La racine fournit une matière colorante rouge pour les tissus.

On récolte aussi la garance sauvage dans le même but, bien qu'elle soit de qualité inférieure.

Plantes textiles.

Les plantes qui fournissent le coton (*Gossypium*) existent en grande quantité dans les pays tropicaux sous forme d'arbustes ou de végétaux herbacés. Elles sont caractérisées par leurs semences grosses comme des haricots, recouvertes de filaments de cheveux et qui reposent dans 3 à 5 capsules valvées de la grosseur d'une noix, desquelles elles sortent à l'époque de la maturité, avec leur houppe de coton.

La plante à coton cultivée au Japon (*Gossypium indicum Lam.* — *G. herbaceum L.*) a une tige herbacée, haute de 50 à 80 centimètres, pourvue de 3 à 5 feuilles rondes, lobées et mucronées, jaune rougeâtre et produit de la laine blanche.

Cette plante, d'après un ouvrage japonais, *Honzo-Kömokukeimo,* aurait été apportée au Japon, sous le règne de l'empereur *Kuvannu-Tenno,* dans le courant de mois de juillet, 18 *Enreki* (798 après J.-C.) par un habitant de *Conron*[1], dont la barque avait été poussée par les vagues sur les côtes de la province *Mikawa* (île Hondo).

L'année suivante, elle fut cultivée expérimentalement dans toutes les provinces de l'île *Shikoku* et prit une très grande extension. Mais elle fut abandonnée peu d'années après.

Puis, dans la première ère de la dynastie « S s O », en Chine (environ 900 ans après le Christ), cette plante fut de nouveau rapportée dans la Chine méridionale par un barbare du Sud (*Südbarbaren*), répandue dans ce pays et introduite au Japon pour la seconde fois à la fin du XIVe siècle, dans le courant de l'année *Bunroku,* et depuis lors cultivée dans ce pays.

L'arbre à coton ne prospère pas au delà du 37e degré de latitude nord, par suite, il est cultivé principalement dans les régions sud et la partie moyenne du Japon. La semaille se fait en lignes comme pour les autres récoltes : on subordonne les soins qu'on donne à la façon dont les plantes croissent et on éclaircit les lignes, de façon à

1. *Conron* semble indiquer une partie de l'Inde.

laisser entre chaque pied un espace de 30 centimètres. La récolte commence à mi-août et dure jusqu'en octobre, parce que les sporanges n'arrivent pas toutes en même temps à la maturité.

Pour abréger la durée de la moisson, quand les premières fleurs sont fanées, on enlève les mucrones extérieurs des plantes : puis on recueille par un épluchage, 8 à 10 fois la laine qui sort et on coupe les mucrones encore verts pour les laisser mûrir ensuite au soleil.

La *ramie* ou *ortie textile* (*Bœhmeria nivea Bl.*) est une plante vivace de 1 mètre à 1 mètre et demi de hauteur, une sorte d'ortie indigène, cultivée au Japon depuis les temps les plus reculés, à cause de ses propriétés textiles. Ses fibres, très fines et tenaces, sont employées à la confection d'un tissu appelé « drap d'ortie » et à la fabrication du fil et de la ficelle. Culture très répandue, surtout dans les contrées de la région moyenne. Semée en mars dans un champ bien préparé, elle est l'objet des mêmes soins que les autres récoltes pendant sa période de développement, surveillée attentivement et débarrassée des mauvaises herbes. C'est dans la troisième année que commence la récolte, qui se fait alors pendant longtemps trois fois par an, à partir de cette époque, pour une seule plante. — On coupe d'abord au commencement de juillet au ras du sol, puis en août et enfin, pour la troisième fois, en octobre. — La seconde coupe livre la meilleure qualité.

En hiver, le marais reçoit une fumure de compost ou de fumier d'étable, et on le recouvre ensuite de feuilles ou de paille pour le protéger contre le froid.

Le *chanvre* (*Cannabis sativus L.*) est cultivé sur une grande étendue, comme récolte d'été. Semaille en mai et récolte de septembre à octobre, ainsi qu'en Allemagne.

Employé pour la fabrication des tissus, des cordes, fils, ficelles, etc. ; les semences, pour faire de l'huile et comme épices.

L'*althée hybride* (*Abutilon avicennæ Gärtnr.*). — Plante herbacée annuelle, à fibres textiles, d'une hauteur de 1 à 2 mètres, originaire de l'Asie centrale et de l'Europe méridionale. Cultivée au Japon sur les côtes de la mer, dans les sols sableux. On sème sur les chaumes de la récolte d'hiver en juin et on récolte en octobre. Employée aussi pour la fabrication des cordes et du fil.

Le mûrier à papier (*Broussonetia papyrifera L.*) est un arbre originaire des îles de l'Océan Pacifique, dont les fibres des drageons bis ou trisannuels donnent un papier très solide. La reproduction se fait soit par greffe sur la racine, soit au moyen de la semence. Quand les jeunes arbres élevés sur couches ont atteint une hauteur de 30 à 40 centimètres, on les transplante sur le champ en laissant un intervalle entre chacun d'environ 1 mètre ; le plus souvent, c'est aux bords des champs que se fait la plantation, surtout dans les pays boisés où les sols sont disposés en terrasses ; et toujours à un intervalle de 1 mètre à 1 mètre et demi. La première récolte a lieu la troisième année après cette transplantation : à partir de là, on récolte tous les deux ans. Les drageons gros comme la pousse et hauts de 1 mètre à 1 mètre et demi, sont coupés à la fin de l'automne au ras de la terre, liés en bottes en deux ou trois endroits, portés sur une grosse chaudière et placés dedans verticalement. Puis, on recouvre les bottes d'épais paillassons ou d'un vase en bois, et on les soumet à l'action de la vapeur qui s'échappe de la chaudière, pour que les fibres se dissolvent facilement : en somme, c'est un rouissage à la vapeur. Quand les gerbes sont refroidies, on sépare le liber et l'écorce du bois et on le vend aux industries spéciales.

Plantes sucrières.

Canne à sucre (*Saccharum officinarum L.*), plante rappelant le roseau de marais, originaire des pays tropicaux, d'une hauteur de 2 à 3 mètres et d'une épaisseur de 3 à 5 centimètres, avec une tige creuse remplie d'une sève succulente, qui fournit le sucre brut.

D'après notre tradition, la canne à sucre a été importée au Japon de l'île *Riukiu,* au commencement du XVIIe siècle, dans le courant de l'année *Kiyoho* et depuis, cette culture s'est développée petit à petit dans les provinces du Sud. La canne à sucre étant une plante indigène des tropiques, ne prospère au Japon que dans la zone comprise en deçà du 37e degré de latitude nord. Elle est cependant cultivée dans des régions très abritées encore plus au nord, mais avec peu de succès ; car, même dans les provinces du Sud, elle ne fleurit presque jamais et ne peut passer l'hiver en plein air : il faut chaque année faire une nouvelle plantation, alors que, dans le pays d'origine, la même plantation fournit jusqu'à vingt récoltes.

Pour obtenir la multiplication, on dispose en meules les tiges récoltées en automne, et au printemps suivant, on les coupe en morceaux de 10 à 15 centimètres, chacun de ces morceaux devant porter deux nœuds, et on les plante, à un intervalle de 40 à 50 centimètres, dans un champ convenablement préparé. Cette opération se fait d'ordinaire en mai et la récolte en octobre.

La betterave (*Beta vulgaris L.*) a été récemment importée de France et d'Allemagne et plantée dans différents endroits des provinces du Nord. Ces expériences ont eu des résultats favorables : aussi la culture de la betterave devra-t-elle prendre bientôt une grande extension.

Plantes cultivées pour leurs feuilles.

Le tabac (*Nicotiana chinensis Fisch.* et *N. tabacum L.*) est cultivé au Japon depuis l'année 1605 de la naissance du Christ et maintenant partout en grandes quantités et à l'état de variétés diverses, qui diffèrent entre elles par la forme et la grandeur des feuilles et la couleur des fleurs. On fait la semaille sur couche bien préparée en général fin mars et la transplantation sur le champ récemment travaillé, à un intervalle de 40 à 50 centimètres. Les jeunes plants de tabac reçoivent pendant la période de croissance les mêmes soins que la persicaire tinctoriale : on récolte en juillet ou dans les premiers jours d'août. On suspend les feuilles séparément, pour les dessécher, à un réseau fait de cordes en paille tendues çà et là au-dessus du sol. Quand la dessiccation est terminée, chaque feuille enroulée est arrosée séparément avec de l'eau et déplacée ; puis, on réunit les feuilles ensemble en petits paquets.

Le tabac le plus estimé au Japon croît dans la province du Sud *Hiuga*, sur un sol de tuf meuble, d'origine volcanique.

Le thé (*Thea chinensis Sims.; Thea viridis L.*) est un arbuste de 1 à 2 mètres de hauteur, à ramifications nombreuses, qu'on maintient, par la taille, à une hauteur moyenne d'un mètre pour rendre plus facile la coupe des feuilles. Ces feuilles sont toujours vertes, à court pétiole, pointues, dentelées, sans poils et brillantes ; les fleurs sont blanches et parfumées. Le thé est cultivé pour ses jeunes feuilles en Asie (surtout en Chine et au Japon) et aussi en Amérique.

Limite de culture : 40e degré de latitude nord. De préférence, dans les pays de montagnes, sur les pentes, et au bord des champs.

On prépare le champ en hiver, en creusant à des intervalles d'un mètre des lignes de trous de 30 centimètres de profondeur et 30 centimètres de diamètre, qu'on fume largement et qu'on recouvre d'un compost de paille non décomposé. Au printemps, on met 20 à 25 graines dans chaque trou, et on remplit de terre. Soins de culture ordinaires : enlèvement des mauvaises herbes et forte fumure annuelle. Dans quelques endroits, on sème une autre récolte entre les lignes, jusqu'à ce que l'arbre à thé commence à produire.

La première récolte, dans des conditions moyennes de culture, a lieu dans la quatrième ou cinquième année après la semaille : la récolte principale se fait, suivant la saison, de fin mars à mi-mai ; celle d'août livre une mauvaise qualité. Les jeunes feuilles de thé, cueillies soigneusement avec les doigts, sont traitées de façons différentes suivant les localités et la demande, soit par la vapeur et le grillage pour le thé vert, soit par la fermentation pour le thé noir (ou plutôt brun).

Le mûrier (*Morus*). — Deux espèces cultivées en grande quantité pour les feuilles, qui servent de nourriture aux vers à soie : le *Morus niger L.*, à baies noires, et le *Morus alba L.*, à baies blanches. La multiplication se fait par boutures ou par semailles, la plantation en partie sur les bords du champ, en partie dans le champ, en lignes, mais en laissant un espace de terre libre où l'on cultive une autre plante (c'est comme dans certaines régions de l'Allemagne où l'on élève des arbres fruitiers, surtout des pruniers, sur des champs cultivés).

Ces arbres sont traités de la même façon que les saules en Allemagne, une partie est coupée au ras du sol ; et pour le reste, on coupe seulement la tige en partant de la tête, à 2 mètres de hauteur. On donne les feuilles, avec ou sans les tiges, comme aliment aux vers à soie. Les fibres du mûrier sont souvent aussi employées en mélange pour la fabrication du papier, avec celles du mûrier à papier.

Plantes à tresser.

Le jonc lâche (*Juncus effusus L.*) est la plante marécageuse la plus commune sur la terre et qui est cependant inutilisée presque partout : au Japon, elle a la plus grande importance non seulement pour l'agriculture, mais aussi pour toute la population du pays ; c'est une culture d'hiver très développée dans les champs marécageux. Emplois : fabrication des nattes qui servent de tapis dans les maisons, de coiffures pour les ouvriers, et de mèches (faites avec la moelle) pour les bougies et les lampes à huile.

Multiplication. — On arrache les rejetons des souches et on les plante dans un champ préparé pour la culture du riz à des intervalles de 8 à 10 centimètres, et on enlève les mauvaises herbes. De juin à juillet, avant que la floraison commence, on moissonne à ras de terre et on engerbe. Les gerbes sont ensuite enterrées dans un fossé profond préparé à l'avance et dont l'eau a été troublée ou plutôt rendue bourbeuse par de l'argile blanche : au bout de quelques minutes, on retire les gerbes entièrement imprégnées de cette boue blanche, on les lave et on les étend pour les sécher sur un gazon ensoleillé. Deux jours suffisent : puis on les engerbe à nouveau, on les porte à la maison ; là on les transforme tout de suite en nattes, ou bien on les bottelle pour s'en servir comme paille. L'immersion des gerbes dans la boue a pour but de conserver fraîche la couleur verte pendant un temps plus long, et de protéger les nattes contre les ravages causés par les teignes : pour cette cause aussi, on prend le soin de remplacer par une nouvelle quantité d'argile, celle qu'aura enlevée le travail subséquent.

Pour les joncs qui sont destinés à d'autres usages, on supprime ce trempage dans la boue argileuse ; aussitôt la coupe faite, on les laisse en javelles sur une pelouse et quand la dessiccation est opérée, on les engerbe pour les rapporter à la maison. Là, on en retire la moelle qui sert à faire les mèches et, avec la tige qui reste, on fabrique des chapeaux.

Le souchet ou cypère d'Asie (*Cyperus rotundus L.*), plante indigène des pays du Sud, est un médicament ou un hors-d'œuvre estimé (par exemple en Égypte et en Grèce) à cause de son parfum agréable[1] ; elle croît à l'état sauvage dans les petites îles du Sud du Japon. Mais là elle n'est employée ni comme médicament, ni comme hors-d'œuvre, mais uniquement à la confection des nattes. Et c'est dans ce but qu'on la cultive dans les provinces sud de l'île principale. Mêmes conditions de culture, même temps de croissance que pour le jonc. La tige de cette plante étant angulaire et par suite épaisse est, aussitôt après la récolte, fendue en trois parties, à l'aide d'un mécanisme spécial et séchée au soleil ; les trois parties s'enserrent solidement par les bords, enferment le reste de la moelle et forment une matière mince et résistante propre à la fabrication des nattes.

Légumes et plantes de cuisine.

L'énorme consommation de légumes pour l'alimentation a eu pour résultat que le paysan qui habite à proximité des villes a délaissé complètement la culture des céréales et a consacré par conséquent une activité plus grande à la culture maraîchère et produit des variétés nombreuses de chaque genre de plantes.

Une description complète des procédés de culture et de l'emploi de chaque légume en particulier m'entraînerait beaucoup trop loin : je me borne donc à énumérer les plantes les plus importantes :

Cruciferæ : *Raphanus sativus L., R. sativus f. vernalis ; Brassica chinensis L., B. campestris L., B. Rapa L., B. Rapa f. amplexicaulis, B. sp. ; Sinapis cernua Thunbg., S. cernua Thunbg. f. foliis serratis, S. chinensis L., S. chinensis f. foliis dissectis, S. integrifolia Willd., S. japonica Thunbg. ; Entrema Wassabi Mat.*

Umbelliferæ : *Daucus carota L. var. maxima ; Œnanthe stolonifera D. C. ; Fœniculum vulgare Gärtn. ; Cryptotænia canadensis D. C. ; Coriandrum sativum L.*

Araliaceæ : *Aralia cordata Thunbg.*

Chenopodiaceæ : *Spinacia inermis L.*

Amarantaceæ : *Amarantus melancholicus Miq.*

Labiatæ : *Stachys Sieboldii Miq. ; Perilla arguta Benth.*

---

1. Leunis, *Synopsis der Pflanzenkunde*, II. Bd, 3 Aufl. Hannover, 1885, p. 863.

Solanaceæ : *Solanum melongena L., S. mel. var.; Capsicum annuum L., C. longum L., C. sp.; Lycopersicum esculentum Will.*

Polygonaceæ : *Polygonum japonicum Thunbg., P. gramineum Meisn., P. nodosum L., P. orientale, P. barbatum L.*

Cucurbitaceæ : *Luffa petola Ser., Cucumis sativus L., C. melo L., C. Conomon Thunbg., C. flexuosus L.; Citrullus edulis Spach; Cucurbita pepo L., Lagenaria dasystemon Miq., L. vulgaris Ser.; Momordica charantia L.*

Compositæ : *Lappa major L., Lactuca sativa L., L. sororia Miq., Chrysanthemum coronarium L., Petasites japonicus Miq., Senecio Kœmpferi C. D.; Taraxacum officinale Wigg. var., T. corniculatum Koch.*

Liliaceæ : *Allium sativum L., A. fistulosum L., A. fistulosum L. var., A. Æscalonicum L., A. Schœnoprasum L., A. splendens Willd.; A. japonicum Thunbg., A. senescens L., A. sp.*

Zingiberaceæ : *Amomum Zingiber L., A. Mioga Thunbg.*

Gramineæ : *Bambusa puberula Miq.*

Hymenomycetes : *Agaricus Shiitake Sieb.*

VI. — Élevage.

Ainsi que je l'ai déjà mentionné plusieurs fois, l'élevage joue un rôle très secondaire au Japon, parce qu'autrefois, grâce au mode d'alimentation végétarienne et de la récolte scrupuleuse des excréments humains, l'élevage n'était pas si indispensable qu'en Europe, et même il se limitait à l'élevage de bêtes de trait et de somme.

Le bilan du bétail au Japon comportait, d'après la statistique publiée par le Ministère de l'Intérieur en 1882 :

Chevaux	1 640 523
Bêtes à cornes	1 159 750

Autrefois, les plus grands gentilshommes élevaient, presque dans chaque province, des chevaux pour les services militaires, dans de grands haras au milieu des pâturages ; malheureusement, cet élevage ne fonctionne plus depuis la Révolution de 1868. Les grandes surfaces de prairies qui autrefois servaient à l'élevage des chevaux sont maintenant, dans certaines régions, abandonnées sans culture et à l'état sauvage. Un semblable terrain, d'une superficie de plusieurs milles carrés, se trouve à peu de distance de la capitale de *Tokio*, dans la province *Shimosa* ; c'est là qu'avant la Révolution on élevait les chevaux du « *Schogun* » (prince héritier). Quant aux paysans, ils n'élevaient que peu ou pas de chevaux.

La production du bétail ne fut jamais aussi grande que celle du cheval : car le paysan n'envisageait le bétail que comme un moyen de lui épargner une dépense de forces, dans les travaux de culture, et pas du tout comme producteur de viande, de lait, de beurre, etc. Aussi ne possédait-il qu'une tête ou deux au plus de bétail, et se livrait-il bien rarement à l'élevage.

Jadis, les ânes, les mulets, les porcs, les moutons et les chèvres faisaient complètement défaut chez nous : ils y ont été importés depuis que le pays est ouvert aux étrangers.

Le cheval japonais, d'après les récits populaires, a été importé au Japon par la civilisation chinoise du continent asiatique et s'est peu à peu acclimaté dans tout le pays. Il appartient à la race mongolique et est de stature trappue. Son apparence extérieure est celle d'un poney. La tête est très grosse, dure, sans expression intelligente ; le cou épais, les os relativement forts, le ventre gros, un poil moyennement long, et les jambes de derrière très rapprochées. Le poitrail et les jambes de devant sont bien. Très mou pour le trot, il transpire et écume rapidement.

Comme, autrefois, nous ne connaissions pas la castration des animaux, on n'utilisait que l'étalon comme bête de trait et de somme, de sorte que dans les villes on ne voyait aucune jument, ni aucune vache. On pensait alors que la jument était incapable de faire le service d'un étalon, parce qu'elle est plus faible que lui. Mais la raison en est aussi dans ce fait que l'on voulait éviter de mettre en présence des animaux mâles et femelles, les premiers devenant souvent sauvages et indomptables. C'est pourquoi les juments n'avaient été jusqu'ici employées qu'aux travaux des champs ou que comme bêtes de somme à la campagne, et parfois même elles restaient sans rien faire sur les pâturages ; mais, maintenant, depuis qu'on pratique la castration, les cavaliers les préfèrent aux étalons.

La façon dont nous traitons nos chevaux est toute différente de la façon européenne. Les intérieurs d'écuries dans la ville sont tous construits par routine, d'après les mêmes dimensions. Chaque cheval a sa stalle spéciale cloisonnée avec des planches, un box complet ; il n'est pas attaché comme en Allemagne, la tête tournée vers la paroi du fond ou l'une des parois de côté ; il est placé en face du jour et de l'entrée. Il est attaché à droite et à gauche aux poteaux, avec des cordes d'égale longueur, il lui est impossible ni de se coucher, ni de faire un mouvement de côté, ni de se retourner : ses liens sont si courts qu'il est forcé de rester dans une immobilité presque complète. Un tonneau de 20 à 25 litres, dans lequel on met le fourrage, lui sert de mangeoire : ce tonneau est maintenu, aux heures des repas, par des cordes qui passent dans des anneaux fixés sur les poteaux. On détache le cheval pour le laisser manger et, pour la nuit, on relie les cordes aux anneaux placés à la partie inférieure des poteaux, afin qu'il puisse se coucher. Une galerie à fourrages règne tout le long du front des séparations. Chaque stalle reste ouverte à sa partie antérieure, toute la façade du bâtiment est fermée par des portes à coulisses.

L'organisation des stalles est la même à la campagne qu'à la ville : mais chacune d'elles est bien plus bien spacieuse ; le devant peut se fermer avec une grille épaisse et le cheval est en liberté.

A la ville et dans les campagnes, le sol des stalles est planchéié et au milieu il existe une ouverture, recouverte d'une grille, vers laquelle le sol s'abaisse en une pente douce. Sous cette grille se trouve un vase en grès ou un tonneau en bois enfoui dans la terre et destiné à recueillir l'urine du cheval. Quand ce vase est plein, on le vide avec un seau à puiser et on arrose avec le contenu le petit tas d'excréments solides placé à l'extérieur des écuries.

La litière n'est donnée que le soir, enlevée le lendemain matin, exposée au soleil si le temps est beau et aussi plus d'une fois utilisée de suite. Aussitôt que la litière est enlevée, on nettoie la stalle avec de l'eau. On place chez nous les animaux la tête du côté de la porte et de la lumière, pour permettre un nettoyage aussi complet que possible de la stalle et, de plus, de donner à celui qui entre dans cette stalle la facilité de pénétrer jusqu'à la croupe de l'animal sans marcher dans les excréments, ce qu'on ne peut éviter avec l'installation des écuries allemandes. Avant tout, le cheval est maintenu au Japon dans un état très grand de propreté, on l'étrille avec un soin extrême. On le peigne, l'évente et le bouchonne ; on lui brûle aussi le poil avec une sorte de petit flambeau fait avec un tube de bambou fendu, opération tout à fait semblable à celle qu'on pratique sur les veaux, au moyen d'une lampe spéciale, dans certaines régions de l'Allemagne, par exemple en Holstein et en Mecklembourg. On baigne les chevaux presque tous les jours, surtout les chevaux de luxe, quand ils ont fait un travail quelconque, puis on les conduit sur une place entourée par trois paires de piliers réunis à la partie supérieure au moyen d'une traverse, tout à fait analogue à la stalle appelée « Zwangstall », consacrée à la ferrure des bœufs en Allemagne. Les poteaux portent des anneaux de fer pour attacher le cheval avec des cordes : on fait entrer les pieds de devant de l'animal dans une cuve ovale plate, profonde de 40 centimètres environ, et remplie d'eau chaude ; on trempe dans cette eau un bouchon de paille avec lequel on nettoie avec soin la crinière, les oreilles, la bouche, etc. Quand l'avant-train de l'animal est nettoyé, on porte la cuve en arrière et on opère de la même façon le lavage scrupuleux de l'arrière-train (la queue et les organes génitaux), le cheval ayant ses pieds de derrière plongés dans l'eau, le bain est alors terminé. Après un bouchonnage aussi complet que possible, le cheval est ramené dans sa stalle. C'est un bienfait que ce bain pour lui quand il est ruisselant de sueur et couvert d'écume après son travail, et on estime qu'un cheval est perdu quand on interrompt le bain. En effet, on a remarqué qu'une inflammation, qui peut mal tourner, se produit au sabot, au paturon et à l'os de la couronne d'un cheval qu'on bouchonne seulement à sec plusieurs jours de suite. Je n'ai là-dessus aucun avis personnel et je dois laisser messieurs les vétérinaires juges de la question, mais il me semble que des lavages fréquents à l'eau chaude amènent un changement dans l'état physiologique au point de vue de la circulation du sang, de la perspiration et surtout de l'activité des fonctions de la peau et provoquent une plus grande sensibilité ; sans cela, les mêmes manifestations devraient exister chez les autres chevaux. Le cheval de culture, qu'on ne lave à l'eau que pendant l'été, surtout quand il a travaillé dans les marais, ne présente aucune apparence maladive, comme les chevaux de luxe. Depuis ces derniers temps, ce procédé a été employé plus rarement ; si cela se fait encore, ce n'est pas général ainsi qu'autrefois.

L'alimentation du cheval n'est pas uniforme : les chevaux de luxe reçoivent la ration la plus riche en principes nutritifs, puis viennent les chevaux de culture et enfin les bêtes de louage et les bêtes de somme. Ces derniers peuvent être comparés aux chevaux de fiacre allemands. Le meilleur fourrage consiste en un mélange formé de deux parties en volume de fèves de Soja, trois parties d'orge (tous les deux cuits), une partie de son de riz et quatre parties de paille de riz hachée et de foin de feuilles de Soja, qu'on récolte dans ce but avant qu'elles ne tombent, au moment où elles commencent à perdre leur couleur verte. Le foin de prairie qu'on récolte dans les pays d'herbages et sur les chaussées des fleuves, a été rarement employé jusqu'ici et seulement comme complément de ration.

Le mélange est humecté avec de l'eau et placé devant les chevaux dans les tonneaux de bois décrits plus haut. La quantité de grains représente environ 8 à 10 litres par jour et par tête. Dans ces dernières années, on a substitué, surtout pour les chevaux de l'armée, le foin de prairies à une partie du foin de fève, à cause du prix élevé de ce dernier.

La ration des chevaux de culture est formée d'orge et de quelques légumineuses qui remplacent la fève de Soja et la fève de marais ; plus tard, de son de riz et de paille coupée, mélangée parfois en été avec du fourrage vert, qu'on va chercher dans les herbages et parmi lesquels se trouvent des arbrisseaux à fleur papilionacée (*Lespedeza Cyrtobotrya Miq.*) et d'autres variétés, par exemple la sarmenteuse *Pueraria Thunbergiana Beth.* La bête de somme reçoit une nourriture très mauvaise, à peine suffisante à son existence ; la ration qu'elle reçoit est presque uniquement composée de paille de riz coupée, mélangée avec des grains cuits, de l'orge ou des fèves, qu'on additionne d'eau et qu'on saupoudre, comme friandise, d'une poignée de son de riz d'une odeur douce.

Les chevaux de luxe recevaient, jusqu'à maintenant, six rations en vingt-quatre heures et les autres quatre.

Les prairies n'existent pas au Japon, car les parties basses du pays que leur humidité rendait propres à cette culture, sont toutes transformées en champs de riz et, par suite, l'élevage du bétail joue un bien faible rôle dans l'exploitation. Le foin est de très mauvaise qualité ; il croît sur les pentes des montagnes, les bords des étangs et des fossés, ou sur les talus des rivières : aussi, se trouve-t-il dans le nombre beaucoup de mauvaises herbes, par exemple les herbes acides *Cypéracées*.

La petite taille et la faiblesse du cheval japonais le rendent impropre à plusieurs travaux, par exemple à traîner un chariot de marchandises ; il s'habitue aussi difficilement à se laisser monter, parce qu'il a un gros ventre et entre très rapidement en une forte transpiration. C'est donc un devoir essentiel pour l'avenir d'améliorer notre race de chevaux indigènes par l'importation d'une race de chevaux utilisables pour les travaux des champs, une alimentation plus rationnelle fournie par une culture de plantes fourragères et d'obtenir ainsi un animal pouvant servir à tous les usages.

Plus indispensable encore pour le moment est l'élevage du gros bétail et des moutons. Jadis, le bétail ne servait que comme bête de trait et bête de somme, ainsi que le cheval, sans qu'on en tirât aucun autre profit, et il résulte de ce système qui faisait du cheval un animal appelé à rendre plus de services dans certains cas, qu'aujourd'hui le nombre des bêtes à cornes est relativement plus faible que celui des chevaux, bien que leur entretien soit beaucoup moins coûteux. D'après la statistique du Ministère de l'Intérieur pour 1882, l'ensemble des bêtes à cornes, veaux compris, s'élève à 1 159 750 têtes vis-à-vis de 1 640 523 chevaux. Depuis que les étrangers ont libre accès dans le pays, que la civilisation moderne y a pénétré et qu'avec elle s'est inauguré un nouveau genre d'existence, la consommation des produits du bétail s'est aussi un peu répandue. Mais notre manière de vivre depuis plusieurs milliers d'années ne se soumet pas à une transformation aussi facilement : aussi, la consommation de la viande, du lait, etc., se limite-t-elle maintenant encore aux villes de grand commerce ; pourtant, le nombre du bétail acheté augmente assurément chaque année.

Voici les données du Ministère de l'Intérieur sur le nombre de bêtes abattues.

	1878.	1879.	1880.	1881.	1882.	TOTAL pour les cinq années.
Bœufs.	29259	29228	34663	36381	39288	168819
Veaux.	1483	1458	697	240	?	3888
Porcs.	770	459	7538	5441	5762	19670
Moutons.	412	201	561	659	908	2741
Total.	31924	31346	43459	42421	45958	194108
Moyenne = 100 p. 100	82.5	82.0	112.0	104.0	113.0	100

La consommation du lait est toujours faible et pourtant elle augmente comme celle de la viande, surtout dans l'alimentation des malades et des vieillards.

Le bœuf japonais a le type d'une race de vallée, de très grande stature. Ses poils sont courts, sa tête est de moyenne grosseur, ses cornes généralement courtes, dirigées en avant ou en dedans ; son cou de moyenne force et sa panse peu développée ; par derrière, le corps allongé et la croupe un peu tombante. La robe est ordinairement noire, avec une teinte brune, quelquefois noire avec des taches blanches sur la croupe et sur les jambes. Il n'y a qu'une province où le bétail a une robe brune et se distingue par ses bonnes qualités. Il ressemble à la race la plus répandue en Europe, le bœuf des steppes de Podolie (Europe orientale). Mais il est impossible de décider si c'est chez nous un animal de race indigène ou bien s'il a été importé dans les temps anciens par la civilisation chinoise. La dernière hypothèse n'est pas invraisemblable, car de toute antiquité la race du bœuf gris de l'Europe orientale existait sur toute la surface de la Chine. Cet animal possède en effet de grandes qualités comme bête de trait, beaucoup supérieures surtout, au point de vue de la résistance, à celles de notre cheval ; aussi emploie-t-on depuis les temps les plus reculés le taureau, dans les villes, pour traîner les chariots de marchandises. Quant à la question d'engraissement, on n'a fait jusqu'ici aucune observation sur le bœuf, puisque nous ne sommes pas des carnivores.

Les vaches n'ayant pas été habituées à la traite et leur lait appartenant entièrement à l'allaitement du veau, leurs organes ne se sont pas conformés à fournir du lait pendant plusieurs mois. Ont-elles vêlé, elles produisent du lait juste en quantité suffisante, seulement durant quelques semaines, pour élever convenablement leur veau. On devra donc faire des efforts pour développer le rapport en lait chez l'animal par une action de plusieurs années sur des générations, surtout par une alimentation convenable et contribuant à la production du lait et remédier ainsi à cette particularité de la race. On devra faire des recherches analogues relativement à la faculté d'engraissement, car ces deux caractères ne dépendent pas toujours absolument de la race, et n'ont pas de liens importants au point de vue morphologique.

Le bétail est traité vraiment en marâtre, en comparaison du cheval. Toutes les stalles sont aussi semblables ; chaque animal a sa place séparée au moyen de planches ou de lattes épaisses, mais on le laisse en liberté ou bien on l'attache au milieu du boxe, à l'anneau de fer d'un poteau enterré dans le sol.

Le sol de la stalle n'est pas couvert, mais seulement fait d'argile ou de glaise pilée intimement avec des débris de rochers : il n'existe aucune installation pour recueillir l'urine. On laisse l'engrais se rassembler sous la litière qu'on donne chaque jour, jusqu'à ce qu'il y en ait une certaine quantité ou même jusqu'au moment où on l'emploie, ce qui est l'usage dans quelques contrées de l'Allemagne pour le fumier de vaches et partout pour le fumier de moutons. L'animal est nettoyé chaque jour, mais on ne le lave pas et on ne lui brûle pas les poils comme au cheval.

L'alimentation du bétail est très mauvaise et tout à fait irrégulière. Il reçoit tous les résidus de la ferme, absolument comme cela arrive pour le porc en Allemagne, la partie verte du radis, les pelures des batates, etc. En été, on lui donne des fourrages verts, des herbes de toute sorte qui croissent sur les pentes des montagnes, au bord des fossés et des étangs et sur les talus des fleuves; en hiver, surtout de la paille de riz, coupée grossièrement et mélangée avec du son et de l'eau chaude. A l'époque de la préparation du champ ou de la récolte, comme il a beaucoup à travailler, sa ration se compose de grains avec de l'orge cuite ou des haricots, suivant les convenances de l'exploitation. Le bétail reçoit en outre du sel soit seul, soit mélangé à sa ration, tandis que le cheval n'en mange jamais.

La paille de riz se trouvant toujours en quantité suffisante dans toutes les exploitations et étant mangée avec plaisir par les animaux, on n'emploie jamais de paille de blé ou d'orge pour l'alimentation, pas plus que pour la litière. Ces pailles servent à des buts techniques, couvertures de maisons, confection de mosaïque, etc. ; d'ailleurs on incinère ces sortes de pailles, si bien qu'on ne profite pas de leur entière valeur, ce qui arrive en Allemagne d'une façon si rationnelle. Un mode d'élevage rationnel du bétail étant tout à fait inconnu au Japon, au point de vue du traitement du bétail, faute d'une direction juste, il se passa un fait marquant, triste et tout à fait absurde, que je vais raconter brièvement.

Pour encourager l'élevage du bétail indispensable à toute exploitation rationnelle, et qui passait de main en main avec la culture du champ, le Gouvernement confia, pour les élever, à un particulier qui n'avait aucune espèce de connaissances en agriculture, puisqu'il ne s'était jamais occupé auparavant du bétail étranger, un grand troupeau de bœufs anglais à cornes courtes, qui représentait un gros capital. Cet homme se plaignit de la mauvaise qualité des herbes des prairies dont il était lui-même le propriétaire dans le voisinage, et fit venir les fourrages verts de contrées situées à un mille, et pourtant n'utilisa pas le fumier si précieux de son étable, pour obtenir de bonnes plantes fourragères ; il le laissa pourrir en tas devant la stalle. Dans d'autres cas, c'est un paysan indigène qui laisse périr le beau bétail de vermine et de faim, tandis qu'il abandonne devant l'étable différents aliments propres à son alimentation, tels que des monceaux de paille de riz ou de pois et, suivant en cela la méthode léguée par ses prédécesseurs, il arrose ce tas de purin et le transforme en compost ! De telles fautes ne peuvent être excusées que par une ignorance absolue et un manque total d'expérience en matière de questions d'élevage.

L'élevage des porcs n'existait pas autrefois, à cause du manque de débouché. Depuis que l'importation étrangère est libre, cet élevage a été introduit et s'est développé rapidement. Comme cet élevage était fait sans connaissances, et seulement, pour ainsi dire, par curiosité et spéculation, il ne fut pas rémunérateur et on dut bientôt y renoncer, car, dès le début, le prix de vente d'un porc, élevé avec beaucoup de dépenses, ne couvrait pas seulement la dixième partie des frais. Maintenant, on n'en élève plus qu'aux environs des villes de commerce importantes et encore en très petites quantités.

Il n'y avait pas non plus de moutons au Japon avant ces derniers temps, où le Gouvernement a entrepris un essai d'élevage sur plusieurs milliers de moutons dans la ferme-modèle de *Nashumo*. Mais comme cet élevage est fait sans connaissances et sans expérience, il est impossible de savoir quels résultats on en tirera. L'opinion générale est que le sol et le climat du Japon ne conviennent pas à un élevage de moutons, parce qu'ils exigent une alimentation en fourrages verts trop longue et que, pour cette raison, tous les essais entrepris jusqu'ici pour acclimater le mouton n'ont pas réussi.

La justesse de cette opinion doit être bien mise en doute, car jamais un essai quelconque d'acclimatation de la race ovine n'a été conduit avec intelligence.

D'ailleurs, grâce à l'atmosphère chaude et humide du Japon et aux nombreuses pluies d'été, il croît dans les prairies des herbes qui ont la taille d'un homme et ne peuvent pas être pâturées par les moutons. Mais, avec un peu de peine et une certaine dépense, on pourrait remédier à ce mauvais état de choses et créer méthodiquement de bons parcages à moutons, en délogeant les mauvaises herbes sauvages indigènes, par une semaille de véritables plantes de prairies, comme le trèfle blanc (*Trifolium repens*), le ray-grass anglais (*Lolium perenne*), etc.

On peut bien dire que les moutons en général se plaisent mieux dans les pays à climat sec, mais plusieurs races réussissent parfaitement sous un climat humide. Par exemple en Angleterre, où l'air humide de la mer inonde tout le pays, on produit de l'excellente viande de mouton, surtout dans le comté de Lincoln ; et aussi des moutons à laine abondante, longue et lustrée, de qualité excellente.

D'après la conviction que j'ai d'un développement imminent de l'agriculture japonaise, je crois que l'élevage du mouton y prendra, une très grande extension, et que, entrepris d'une façon rationnelle, il fournira un revenu élevé; car, pour les raisons suivantes, il compte parmi les facteurs les plus puissants et les plus importants qui contribueront au relèvement de l'exploitation agricole au Japon.

Depuis que le pays est ouvert aux relations extérieures et que les cultivateurs peuvent faire la concurrence à l'étranger, ils exportent leur production en soie autrefois utilisée entièrement par la population et, en échange, ils importent des laines et des étoffes de coton. Ces étoffes de laine étaient aussi produites au Japon depuis les temps anciens et d'un usage général; mais pas la laine qui n'a été introduite que par la civilisation moderne et dont l'emploi s'est vulgarisé si rapidement que l'ancien costume japonais est de plus en plus abandonné. Par conséquent, il est fort désirable que la production de la laine ait lieu dans le pays même. D'autre part, le pays se prête extraordinairement bien à l'élevage de la race ovine, car il est plein de défilés, de pentes montagneuses et de terres situées sur les plateaux des collines, où l'irrigation est impossible et qui ne peuvent servir à aucune autre production agricole fructueuse, à cause de l'éloignement du marché.

Il me reste à mentionner l'élevage des petites bêtes : celui des volailles, des abeilles et des vers à soie. Le dernier a une importance des plus grandes pour le Japon; le premier comprend l'élevage des canards, des poulets et des pigeons.

Les poules sont conservées dans toutes les familles sans exception à cause de leurs œufs, les canards aussi souvent, mais en moins grand nombre. Elles augmenteront de valeur en même temps que la consommation de la viande et, bien qu'elles n'aient pas d'importance dans une grande exploitation, dans une petite, leur élevage bien mené produit un bon revenu qui n'est pas négligeable. On entretient les pigeons, dans certaines régions, uniquement pour l'engrais, dans des maisons spécialement installées pour cela, mais ils ne jouent pas un rôle qui puisse être pris en considération dans un bilan. L'élevage des abeilles est limité généralement à la montagne et existe très rarement dans la plaine. Le miel et la cire sont employés comme médicaments, le miel sert très rarement comme aliment et la cire aussi pour la fabrication des bougies.

La branche d'industrie la plus importante, celle qui tient la première place, c'est l'élevage des vers à soie, grâce au climat favorable. Depuis les temps anciens il est répandu sur presque toute la surface du pays; mais, comme il ne pouvait y avoir d'exportation, il n'existait pas d'autre débouché que les besoins du peuple. Dans les dernières années, cette exploitation a pris un plus grand développement, si bien que l'élevage des vers à soie, dont les produits étaient autrefois travaillés à la main par chaque famille, a pris une importance beaucoup plus grande, parce que, sous la protection du Gouvernement, des associations se sont formées dans plusieurs contrées pour extraire la soie à l'aide de machines, ce qui contribue à l'augmentation de la production du pays.

Toutefois, cette production pourra s'étendre encore beaucoup et s'améliorer par l'utilisation d'une partie du pays restée jusqu'ici sans culture, et où le mûrier, indispensable à l'élevage des vers à soie, réussit toujours bien.

Vues générales sur les conditions actuelles et l'avenir de l'agriculture japonaise.

Au temps où le pays était complètement fermé aux relations avec l'étranger, comme l'a fait ressortir Liebscher dans son livre sur le Japon[1], la culture a dû se restreindre à une surface relativement limitée, soit au voisinage des lieux où les produits agricoles trouvaient un débouché, soit auprès des fleuves navigables; parce que non seulement des prescriptions légales anciennes, mais aussi la difficulté d'exploitation dans la montagne et le mauvais état des routes rendaient le développement de l'agriculture tout à fait impossible. Une autre raison s'opposait à l'utilisation des parties trop éloignées des centres pour l'élevage du bétail : une absence complète d'écoulement des produits aux indigènes, tous végétariens. Le nombre des champs placés dans des conditions favorables diminua d'une façon de plus en plus sensible avec le temps : il en résulta que le prix de la terre augmenta notablement et naturellement aussi le prix des produits les plus essentiels aux besoins de la population. La main-

1. V. Liebscher, *Japan*, p. 77.

d'œuvre devenant plus chère et les impôts fonciers, établis une fois pour toutes, n'ayant subi aucune diminution, il ne resta au paysan qu'une ressource : celle de morceler sa terre en parcelles et de s'appliquer à obtenir sur une petite surface une augmentation aussi grande que possible du produit brut, sans considérer le produit net. L'intensité de la culture augmenta donc, jusqu'à ce que le produit brut atteignît le maximum possible avec un travail du champ fait avec le plus grand soin, réglé suivant la nature du lieu et du sol, et surtout par une fumure compostée avec tous les engrais disponibles.

De plus, l'éloignement où se trouvent les lieux de production des lieux de consommation exerce une influence considérable sur le choix de la direction à donner au système de culture ; c'est une application pratique et précise du cycle théorique en pays isolé de *von Thünen.*

D'après Thünen, il y a trois périodes différentes au point de vue du cercle de production : 1° celle où la partie du pays placée au centre de production était occupée par la culture libre du premier cercle (au Japon, c'est surtout la culture maraîchère qui prit la plus grande extension aux environs des marchés) ; 2° celle où la sylviculture, qui n'exista d'abord que sous forme de petits bosquets auprès des villages, commença à se développer et 3° enfin la troisième période caractérisée par la succession méthodique des cultures, c'est-à-dire la culture des céréales et des plantes industrielles. En dehors de cette surface de production à laquelle Thünen limite le domaine de la culture triennale, où se fait l'élevage du bétail, il existe au Japon une culture extensive de céréales et surtout un grand nombre de prairies naturelles, dont le produit est utilisé par le paysan dans la région de culture intensive pour la préparation du compost, ainsi que cela se pratique dans les contrées sableuses du nord de l'Allemagne.

Bien plus encore en dehors du cercle de production, se trouvent les forêts vierges du Japon, dont les produits servent seulement à l'alimentation des tourneurs nomades [1], des chasseurs et des charbonniers.

---

1. Ils voyagent dans les forêts touffues, d'un lieu à un autre, avec leurs familles et travaillent les bois de façon à leur donner une forme transportable, comme des écorces de bois, et ils se procurent ainsi leur pain.

Grâce à l'isolement absolu du pays de toutes les autres nations jusqu'en 1868, tous les autres consommateurs en étaient réduits à se contenter exclusivement, pour leur alimentation, des produits de leur propre sol : par suite, les besoins et les prix de tous les produits agricoles variaient avec la production indigène, et cela permettait aux paysans d'avoir, malgré les inconvénients mentionnés plus haut, une existence assez bien assurée, qui fut pendant des siècles celle d'un peuple parfaitement heureux et satisfait, d'autant plus qu'ils n'avaient pas appris de leurs prédécesseurs qu'il pût y avoir des conditions d'existence meilleures.

Quand le pays fut ouvert à l'étranger, une transformation absolue eut lieu dans la façon d'administrer du paysan, en dépit d'une routine tenace et très ancienne. Les rapports commerciaux, facilités par la création de transports par les bateaux à vapeur, l'installation de la poste, du télégraphe et du chemin de fer, acquirent d'année en année une importance plus grande par la liberté des professions et de l'établissement. Le peuple, qui devait autrefois se contenter de la consommation des produits indigènes, s'en affranchit et tira des marchés du monde entier de quoi subvenir à ses besoins.

Le cultivateur qui, jadis, ne se préoccupait en rien d'aucune partie du monde, et cultivait routinièrement une petite parcelle de terre, se vit de plus en plus contraint à se conformer aux nouvelles conditions sociales et à tirer de son sol des produits qui puissent lutter, autant au point de vue du prix que de leur usage, avec ceux de la concurrence étrangère.

La conséquence de cette transformation complète du genre d'existence de la population fut que le prix des choses les plus indispensables à l'humanité augmenta considérablement (et atteignit depuis cette époque une valeur à peu près décuple), et en même temps aussi, le prix des salaires. L'État, en prenant la peine d'introduire et d'acclimater la civilisation européenne, a imposé un fardeau énorme, que devra naturellement porter le peuple. Aussi, a-t-il promulgué une nouvelle loi qui établissait ce qu'on appelle une contribution indirecte, tout à fait inconnue jusqu'alors dans le pays, et transformait en une contribution en argent l'imposition la plus importante, qui existait depuis les temps les plus reculés : l'impôt foncier, considéré autrefois comme un impôt naturel. Pourtant, on prit comme base, pour l'établissement de cet impôt, l'ancienne classification des terres, et comme bases de l'assiette d'une part, le prix d'achat du champ et, d'autre part, le produit probable de la récolte. La somme des impôts fonciers que le paysan supporte, s'élève à 2 $^1/_2$ p. 100 de la valeur de sa terre comme impôt d'État et environ 1 p. 100 de cette valeur, comme impôt de district : à cela s'ajoutent les impositions pour les écoles et pour les communes, ce qui porte le total annuel à environ 4 p. 100 par an.

Examinons les choses de plus près, avec les données statistiques en mains : la surface totale du pays s'élève à 38 342 810 hectares; la partie de cette surface appartenant à la partie de la population soumise aux impôts représente 12 603 518 hectares, soit 32 p. 100 de la surface totale.

Voici les chiffres fournis par la statistique officielle du Ministère de l'Intérieur en 1884 qui indiquent le bilan probable des impôts fonciers pour l'année 1882 :

NATURE DE LA CULTURE.	SURFACE en hectares.	VALEUR en francs.	PRIX de l'hectare en francs.	DROIT d'État en francs.	DROIT de district et communal en francs.	TOTAL des droits par hectare et en francs.
Forêts et prairies naturelles	7778809,4	132087040	20	4605199	2211814	0.90
Champs de riz	2609213,9	6097533185	2352	152960687	73375413	86.70
Champs secs	1861996,5	1338312680	719	34739627	16685378	22.50
Terrains salifères.	6225,9	8840790	1419	239007	100514	54,50
Cultures d'arbres et jardins	349002,4	695626775	2003	17068572	8141655	72.25
Totaux	12605248,1	8272400420		209613143	100514274	

Nous allons maintenant, d'après ces données, nous livrer à un calcul qui nous donnera une idée de la charge d'impôts qui pèse aujourd'hui sur le paysan japonais. Comme au Japon, ainsi que nous l'avons vu, on fait porter à un champ sec trois récoltes à la fois et sans interruption, la seule base que nous puissions adopter pour notre calcul est l'exploitation d'une culture de riz, parce que cette plante ne peut être cultivée avec d'autres.

La moyenne annuelle de la production en riz de tout le pays pendant les cinq dernières années (1878-1882) se chiffre à 5 664 442,2 hectolitres, soit 23^{hl},2 par hectare : si on multiplie ce nombre par le prix moyen du riz (1878-1882) de 17 fr. 76 c. l'hectolitre, on trouve que le produit brut d'un hectare de champ de riz s'élève à 385 fr. L'impôt foncier que doit payer le paysan se monte pour un hectare en moyenne à 86 fr. 70 c., environ 22.5 p. 100 du produit brut, soit 3.93 p. 100 de la valeur de son champ.

Si nous retranchons cette somme de 86 fr. 70 c. du total du produit brut, il reste au paysan 298 fr. 30 c., c'est-à-dire 77.5 p. 100 du produit brut, qui représentent la main-d'œuvre, les engrais, les semences et son bénéfice.

En moyenne, pour la culture d'un champ de riz d'un hectare, on compte environ 200 à 210 jours de travail (200 jours par *Chô*), qui se paient à raison de 1 fr. 25 c. par jour : au total c'est une dépense de 250 à 260 fr. (250 fr. par *Chô*). La valeur de la récolte suffit donc bien juste à payer l'impôt et la main-d'œuvre, car il ne reste plus au paysan qu'un appoint d'environ 45 fr., somme tout à fait insuffisante pour parer à la dépense d'engrais, qui se monte à 75 fr. par hectare : de sorte qu'il est tout à fait impossible de parler d'un revenu du sol, oscillant entre 8 et 15 p. 100.

La répartition des impôts est en général encore très imparfaite : les marchands et les compagnons ont au plus 2 à 3 p. 100 de leur gain à payer comme droit; le rentier, qui bénéficie du taux élevé pour avoir le plus de revenus en toutes circonstances, n'abandonne rien du tout de ces bénéfices au Trésor public, alors que le paysan, bien que notoirement on sache qu'il ne peut convertir son capital aussi vite que le marchand, est imposé pour plus du quart de son revenu. Comme excuse on fait encore pourtant valoir que l'État doit provisoirement retirer un revenu du paysan, qui autrefois ne possédait sa terre que par bail emphytéotique, parce qu'il en a maintenant la libre propriété. Quoi qu'il en soit, il faut que le fardeau des impôts, qui repose presque tout entier sur le paysan, soit réformé et réparti également sur toutes les autres classes de la société, si l'on ne veut pas ruiner l'agriculture.

En dehors de cette question des impôts, la difficulté dans les rapports commerciaux fait un grand tort à l'agriculture japonaise, car tous les moyens de communication améliorés dans ces dernières années par l'installation de chemins de fer, de bureaux de poste, etc., rendent beaucoup plus de services aux commerçants qu'aux cultivateurs taillés à merci.

Avant toutes choses, pour faciliter les communications, il serait indispensable d'avoir au Japon des routes reliant l'intérieur du pays avec les côtes. Les chemins existants, à l'exception de quelques-uns, ne sont pas carrossables, si bien que le transport des marchandises de l'intérieur du pays se fait encore aujourd'hui, comme au temps primitif, à dos d'hommes, de chevaux et de bœufs. Ces difficultés de transport expliquent aussi la différence de prix de certains produits, dans les diverses régions. Par exemple, le prix d'un sac de sel (environ 50 litres) varie de 6 fr. 25 c. à 37 fr. 50 c. sans qu'aucune différence dans la qualité puisse expliquer cet écart de prix.

Ces variations de prix d'un article de commerce, suivant la région, ne peuvent disparaître que quand la population peu intelligente, qui a été élevée dans les anciennes conditions sociales, sera habituée à la possibilité d'un commerce nouveau plus libre et surtout quand on aura pratiqué de meilleures routes. Lorsque ces routes seront faites, il sera possible de décider le cultivateur à employer des voitures et des bêtes de trait et de renoncer à l'antique moyen de transport, relativement cher, à dos d'homme ou de bêtes de somme.

Si, maintenant, nous nous demandons quels changements et quel développement subira l'agriculture, quand les difficultés de la profession que nous avons énumérées seront aplanies, l'exposé qui suit pourra nous éclairer sur ce point.

Tandis qu'autrefois tous les efforts faits en vue de développer l'agriculture pour la prospérité du peuple japonais, avaient pour but exclusif d'accroître le rendement en produits agricoles qui trouvaient leur débouché sur les marchés indigènes, sans que souvent on tînt compte des frais de production, aujourd'hui l'agriculture doit se garder de se renforcer dans cette voie, car une augmentation aussi exclusive de la production aggraverait encore l'influence déjà sensible de la concurrence d'outre-mer.

Il faut donc que le cultivateur règle la nature des produits de son exploitation, en se basant sur les exigences des marchés du monde entier, et qu'il tâche de diminuer le prix de revient, pour pouvoir en même temps lutter contre la concurrence, au point de vue du prix et de la qualité.

Ce but ne sera atteint qu'au moment où les prairies naturelles laissées jusqu'ici à l'état sauvage, seront livrées à la culture, où les agriculteurs (au début, très peu nombreux), qui autrefois ne se préoccupaient aucunement des autres pays, s'apercevront du lien qui unit les lois naturelles et les lois économiques, en tant qu'elles exigent l'organisation d'une exploitation agricole rationnelle et, celle-ci une fois établie, l'utilisation simultanée des conditions de production et des circonstances du moment.

Les surfaces inutilisées, en partie à cause de l'impossibilité d'irriguer, en partie aussi par suite de l'éloignement des marchés et de l'inégalité du sol, n'ont produit jusqu'à présent aucune plante industrielle et ont acquis maintenant, avec les changements survenus dans la vie du peuple, les qualités indispensables à la productivité.

Les premiers champs, ceux où le manque d'eau n'avait pas permis la mise en culture, ont pu être utilisés pour la production de plantes industrielles, notamment de l'arbre à coton (bien entendu, pas dans la partie nord du Japon), le tabac, le colza, les plantes textiles, le thé, le mûrier, etc., et aussi pour la culture des céréales, blé, orge, etc., qui sont admirablement à leur place, étant donnés le sol et le climat : ces conditions offrent donc une garantie certaine pour une élévation progressive de la production. La mise en culture d'un pareil champ exige essentiellement l'application d'une quantité suffisante d'engrais, et comme la source d'engrais naturel n'existe plus, par suite de l'utilisation des prairies, on ne peut plus avoir recours qu'à l'engrais animal ; à ce point de vue encore, il est démontré d'une façon évidente, que l'on doit consacrer à l'élevage du bétail et par conséquent à la culture des plantes fourragères, une large place dans l'exploitation agricole de l'avenir.

Si l'on objectait que le peuple japonais ne pourrait ni consommer ni payer une production considérable de céréales et de bétail, on combattrait cette assertion en montrant que la Chine, notre voisine, serait un très bon pays d'exportation et où la consommation est considérable.

Les grandes surfaces qui sont restées sans culture à cause de l'éloignement des marchés et de l'inégalité du terrain, peuvent être utilisées comme pâturages pour le bétail, pour l'élevage des moutons, des bœufs et des chevaux, et aussi pour une plantation d'arbres et de buissons très importants au point de vue technique, tels que les arbres à laque et à cire, le mûrier à papier, etc. Sur un pareil sol, l'atmosphère chaude et humide et des pluies estivales abondantes provoquent une magnifique végétation de gazon qui atteint souvent la hauteur d'un homme, mais qui est malheureusement de mauvaise qualité, car les herbes et les roseaux à tiges dures et très riches en silice y prédominent.

C'est pourquoi, comme je l'ai expliqué plus haut, il faut détruire par le feu cette flore sauvage et semer de bonnes espèces. Il est donc essentiel qu'on importe une race de bétail conforme au but, propre au travail, quand même le prix d'achat en serait élevé, pour que le fourrage acquière la plus grande valeur possible et que sa production coûte moins cher.

Un autre facteur important, serait l'emploi de machines et d'outils perfectionnés, à la place des instruments primitifs dont l'usage exige tant de soins et de temps et augmentent beaucoup les frais. Il n'a pas été possible de réaliser l'achat de machines et d'outils coûteux jusqu'à présent, car la propriété est trop divisée. Cela pourrait pourtant se faire par syndicats d'agriculteurs, comme cela se pratique souvent en Allemagne, surtout dans les provinces du Rhin, où les petites exploitations sont nombreuses.

Le gouvernement a beaucoup fait pour pousser l'agriculture dans la bonne voie. Il a institué des établissements d'instruction agricole, analogues aux écoles supérieures (*Hochschule*) d'Allemagne, fait venir à grands frais des maîtres étrangers, créé les moyens d'enseignement nécessaires pour former des gens sensés, c'est-à-dire capables au double point de vue de la théorie et de la pratique. On a suppléé aux mauvais instruments par des machines et des outils perfectionnés, et importé des animaux de bonne race, pour améliorer et multiplier le bétail. Une grande étendue de terre fertile, qui était autrefois un pâturage pour les chevaux, a été transformée en une exploitation modèle, administrée par des étrangers qu'on paie très cher.

Ces étrangers portent, bien entendu, peu d'intérêt réel au pays ; leurs gens y ont peut-être un certain intérêt, mais il leur manque les connaissances nécessaires. Aussi cette exploitation modèle, installée avec de bonnes intentions, n'a qu'une influence très petite et même nulle sur les tendances invétérées de l'agriculture. Bien plus, comme les résultats de cette exploitation sont toujours plutôt mauvais que bons, le paysan se décourage de plus en plus au lieu de s'engager dans une voie meilleure, que lui indiquerait une expérience bien faite. En conséquence de cette situation, le gouvernement a décidé de mettre fin à cette exploitation et de consacrer les prairies à l'élevage des chevaux du haras impérial.

Il est sincèrement regrettable que l'idée excellente et les efforts du gouvernement n'aient trouvé ni la direction, ni les moyens pratiques pour se réaliser. Liebscher signale ce fait comme un résultat de ses observations.

« L'agriculture étant la source la plus importante de profit pour l'État, les autorités constituées lui ont toujours porté le plus grand intérêt; il existe dans le bureau de chaque *Ken* (district) une division spécialement consacrée aux questions agricoles, qui comprend, comme toutes les administrations japonaises, une légion d'employés et d'écrivains. C'est dans ces bureaux que l'on dirige souvent des industries agricoles modèles organisées à la façon européenne, par exemple le dévidage de la soie, les filatures et les tissages. De plus, chaque gouverneur fut invité par le gouvernement de *Tokio* à établir un musée, dans lequel le public peut entrer gratuitement pour jeter un coup d'œil sur les collections de semences et autres, et avoir un aperçu de la production du pays. Ces musées ont été dotés par *Tokio* de la plupart des instruments agricoles européens, de tableaux pour l'enseignement de l'agriculture, par exemple la représentation de l'histoire du développement des vers à soie et des abeilles ; des travaux et des instruments concernant la viticulture, la culture du houblon, l'élevage du bétail, etc., et il est rare qu'il n'y ait pas aussi une collection des produits industriels des différentes parties du pays, de modèles, et d'échantillons de sols et de minéraux.

« Parmi les portraits, on retrouve aussi quelques spécialistes connus en Allemagne et des tableaux représentant des paysans allemands extrêmement curieux, à cause des légendes en caractères japonais (*runiques*) qui les entourent, et qui servent à expliquer à leurs collègues du Japon le but et le mode du travail représenté.

« En général, on ne peut pas nier que ces musées offrent aux agriculteurs un moyen utile de démonstration destiné à amener le progrès.

« On peut en dire autant de l'organisation, imposée par ordonnance ministérielle à chaque gouvernement, d'un champ d'expériences sur lequel, pour l'enseignement du paysan, on devra pratiquer la culture de plantes récemment importées, et employer les outils et les méthodes de culture européennes ou américaines. L'utilité qu'auraient pour l'agriculture japonaise de pareils champs, tombe sous le sens : mais, dans la rapide visite que je fis, je fus très étonné de constater que, pour la plupart des cas, les paysans désiraient en tirer un profit, mais que cela était impossible à cause de l'insouciance et de l'ignorance des employés. Ces gens ne s'intéressent pas le moins du monde à la tâche qu'on leur a confiée, de sorte que les collections sont toutes confondues pêle-mêle et rapidement détériorées.

« Nous y avons toujours vu, dans les musées, des charrues achetées en Amérique et en Europe, ou construites dans les fabriques du royaume à *Tokio* et à *Sapporo* et aussi d'autres instruments agricoles, enveloppés proprement dans du papier, tandis que les champs d'expériences voisins sont cultivés avec des outils japonais et servent à la culture des légumes pour les employés et les expérimentateurs : ce serait perdre nos paroles que d'en parler plus longuement. Si excellente que fût l'idée qui poussait l'État à faire de telles installations, si grand le profit que les cultivateurs pouvaient en tirer, si la direction eût été bonne, la seule conclusion à laquelle le paysan japonais puisse arriver pour le moment est que son ancienne façon d'administrer sa culture à la mode japonaise, est beaucoup meilleure que le mode de culture moderne ou tout au moins que celui appliqué, sous ce nom, dans les champs d'expériences de l'État. »

Malheureusement il n'y a pas encore au Japon d'hommes capables, ayant reçu une instruction pratique et méthodique, qui prennent en main la chose et apportent des améliorations dans toutes les branches de l'agriculture.

Ceux qui se sont appliqués à augmenter leurs connaissances en matière professionnelle dans les écoles supérieures, n'arrivent jamais à acquérir un degré de science suffisant pour utiliser avec fruit ce qu'ils ont appris dans la pratique. La cause principale de ce fait est que dans ces écoles, l'enseignement est donné entièrement par des étrangers, dont la langue reste incompréhensible à la plupart de ces jeunes gens n'ayant appris que le travail pratique et n'est comprise que de ceux qui ont vécu à l'étranger ou qui, s'abstenant absolument de tous travaux pratiques, ont assez travaillé la langue étrangère pour comprendre les leçons. Déjà, pour remédier à ce mauvais état de choses, et arriver à une connaissance approfondie et scientifique des conditions d'exploitation de l'agriculture japonaise, il paraît indispensable aujourd'hui de former dans le domaine agricole du Japon des gens instruits à la fois au point de vue théorique et pratique, qui soient en état d'appliquer avec une intelligence réelle les résultats de la science aux conditions spéciales du Japon et à la petite culture, en luttant contre la routine tenace et donnant un exemple à l'abri de toute critique.

Mais il se passera encore de longues années, avant que l'agriculture japonaise ne se transforme, en remplaçant par des exploitations de quelque dimension le morcellement si fortement entré dans les habitudes du pays depuis des siècles.

Enfin, le moment est venu où une éducation scientifique plus approfondie que celle des écoles supérieures d'agriculture, est utile et nécessaire à l'agriculteur pratique, alors qu'aujourd'hui les élèves de ces écoles, à cause du manque d'emploi dans la culture proprement dite, se tournent tous vers les spécialités et les sciences appliquées qui peuvent leur assurer les moyens de vivre, comme la chimie agricole, l'art vétérinaire, etc.

Dans l'état actuel des choses, il est hors de doute que la petite culture retirerait un très grand profit, si le gouvernement voulait se décider à n'employer les efforts qu'il fait et qui méritent une grande reconnaissance de la part des indigènes, non pas seulement à développer les grandes écoles, mais encore à créer des écoles primaires et secondaires, où un enseignement pratique et théorique à la fois serait donné, dans des établissements plus nombreux, aux fils des paysans, munis déjà des connaissances acquises aux écoles populaires, qui y recevraient une instruction adaptée à leurs besoins. De tels champs de démonstration ou de pareilles écoles secondaires professionnelles pourraient, comme cela existe en Allemagne, soit être la propriété de l'État, soit celle de particuliers, contrôlées par l'autorité et subventionnées, en tous cas, avec un plan d'étude déterminé et une organisation établie sur des bases scientifiques, mais restreinte d'une façon sensée.

Il est incontestable que la création d'un tel enseignement sera un gros sacrifice d'argent pour l'État; mais pourtant on doit avoir la conviction que ce sera un bienfait beaucoup plus grand que le haut enseignement actuel qui ne réunit pas les conditions convenables pour le peuple.

C'est seulement lorsqu'on aura une fois atteint le but d'avoir formé un nombre assez grand de paysans instruits suffisamment pour leur tâche et habitués à réfléchir, pour que dans chaque commune rurale il y en ait au moins un qui agisse sur son petit cercle, pour montrer le chemin des réformes, qu'une amélioration évidente et réelle dans le bien-être national ne peut manquer de se produire.

TABLE DES MATIÈRES

BIBLIOTHÈQUE NAT. IMPRIMÉS

Nancy, impr. Berger-Levrault et Cie.

www.ingramcontent.com/pod-product-compliance
Ingram Content Group UK Ltd.
Pitfield, Milton Keynes, MK11 3LW, UK
UKHW022119190726
13855UKWH00003B/957

9 782013 415804